AF362680

COURS

DE PHYTOLOGIE

OU

DE BOTANIQUE GÉNÉRALE,

PAR LE CHEVALIER

AUBERT-AUBERT DU PETIT-THOUARS,

Ancien Capitaine d'Infanterie, Directeur de la Pépinière du Roi, au Roule, Membre de la Société royale et centrale d'Agriculture.

L'Auteur se propose de publier ce Cours par souscription tel qu'il a été professé depuis 1808, soit à la Pépinière du Roi au Roule, soit à l'Athénée ; chacune des vingt Séances qui le composent formera une Livraison.

SECONDE SÉANCE. — PHYTOGNOMIE.

PARIS,

DE IMPRIMERIE DE P. GUEFFIER.

1820.

AVERTISSEMENT.

Il y a environ huit mois que j'ai fait paroître un Prospectus avec une Introduction, comme formant la première livraison d'*un Cours de Phytologie* ou *de Botanique générale*. J'annonçois qu'il seroit composé de vingt Séances, qui paroîtroient ainsi successivement en autant de livraisons. Différentes circonstances ont contribué à retarder autant l'apparition de la seconde; d'abord la défiance où je me trouve de la réussite de cet ouvrage, ne connoissant encore qu'un petit nombre de personnes qui se soient déclarées comme Souscripteurs, et aucun Libraire ne se proposant pour se charger de son débit, j'ai été obligé de l'entreprendre à mes frais; mais comme j'étois embarrassé pour les supporter, je n'ai pu en presser l'exécution. En second lieu, l'abondance de matériaux que j'ai eu à employer et que j'ai souvent intercallés après coup, n'a pas peu contribué à retarder l'impression. Il en résulte donc les fondemens d'un ouvrage beaucoup plus considérable que je ne comptois.

Cependant je suis encore obligé de le livrer au public comme un Pamphlet *éphémère;* c'est-à-dire, que je ne m'engage à en publier la continuation par la troisième Livraison, que lorsqu'une partie des dépenses que j'ai déjà faites seront rentrées par la vente de ces deux-ci, composées de huit feuilles, et je les mets à 4 fr.

Mais si ceux qui en feront l'acquisition désirent sa continuation, qu'ils inscrivent simplement la promesse de retirer les livraisons suivantes, à mesure qu'elles paroîtront, à raison de 2 fr. chaque. Moi, de mon côté, je m'engagerai, 1° à compléter la première livraison par l'impression du *Discours sur l'enseignement de la Botanique*, qui a servi d'ouverture au Cours; 2° à fournir quatre autres livraisons à-peu-près pareilles en impression à la seconde, qui formeront avec elle un volume contenant la Blastographie ou Développement par Bourgeon : elle sera sur carré fin. 3° Je m'engage à fournir à tous ceux qui auront souscrit un second exemplaire dès qu'il sera complet, sur grand raisin; mais comme le nombre d'exemplaires sur carré fin est très-borné, cela ne pourra avoir lieu qu'à ceux qui auront souscrit jusqu'à la quatrième livraison; 4° pour peu que je sois secondé, je commencerai immédiatement la publication du second volume en cinq livraisons, qui compléteront l'Aitiologie, et la diminution de son prix sera en raison du nombre de souscripteurs; de plus, ceux d'entre eux qui le voudront, pourront remplacer l'exemplaire en grand papier, par la souscription entière de ce Volume, qu'ils pourront retirer à mesure que les livraisons paroîtront.

COURS

DE PHYTOLOGIE,

ou

DE BOTANIQUE GÉNÉRALE.

AITIOLOGIE.

SECONDE SÉANCE.

PHYTOGNOMIE.

Anatomie rationelle, ou Examen de l'Extérieur.

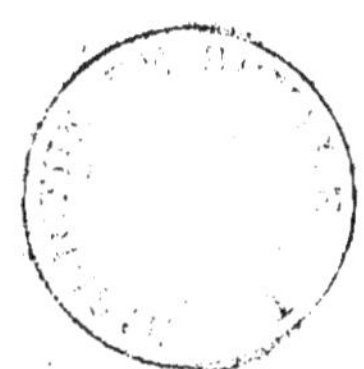

La Phytognomie a pour objet la considération de l'Extérieur des Plantes, supposées en repos. Elle détermine les différentes parties qui les composent, les distingue les unes des autres, en leur appliquant des Noms convenables.

J'ai pour but, dans cette Séance, de vous faire passer en revue tout ce que les Plantes présentent de remarquable dans leur Extérieur; sujet immense, si je me proposois de le traiter à fond. Je serai donc obligé de me borner à des Généralités : en outre, par les Divisions fondamentales que j'ai adoptées, je me trouve avoir partagé la Phytognomie en deux parties, car elle doit considérer tout ce que les Plantes présentent de remarquable à l'Extérieur. Or, je ne parle pas ici de ce qu'elles ont de plus brillant, la Fleur, non plus que de ses suites,

I

le Fruit; ce sera le sujet de la Spermatologie, qui commen-
cera à la septième Séance par l'Inflorescence. Mais ici se présente une grande difficulté, car il s'agit de choisir, dans la
foule immense qui compose le Règne végétal, une Plante
qui serve de Type, afin que, par son moyen, je puisse vous
donner une idée Précise des Parties *principales* qui la composent; les comparant ensuite successivement avec celles
de quelques autres Plantes, il me faudroit chercher à découvrir quelles sont les modifications dont elles sont susceptibles. Mais quel motif pourra me déterminer? faudra t-il
suivre la méthode de la Quintinie, qui, pour décider à quel
Arbre fruitier il doit accorder la première place dans un Espa-
lier, expose, dans un long plaidoyer, les prétentions de
chacun d'eux? Ainsi, après avoir vanté les qualités nutritives
du Blé, je lui opposerois les Agrémens du Rosier; je ferois
valoir ensuite la Majesté du Chêne; mais, tout en rendant
justice à leurs qualités, je trouverois que d'autres Végétaux
d'une moins grande renommée seroient plus propres à mon
but; je ne ferois donc que marcher d'incertitudes en incertitudes, sans rien décider.

La Zoologie a été plus heureuse, de ce côté, que la Phytologie, car des circonstances étrangères à la Science lui ont
présenté dans l'Homme ce Type primordial que nous cher-
chons dans les Plantes : l'Anatomie comparée a été créée,
et les plus grands avantages en sont résultés pour cette
Science. Pour profiter de cet exemple, au défaut de raisons
solides pour appuyer l'adoption d'un *Point de départ*, je vais
continuer à employer celui qu'une sorte de hasard m'a présenté pour guider mes premiers pas dans la Physiologie
végétale : c'est le Marronier d'Inde, ou l'Hipocastane; je
continuerai pareillement à lui opposer comme point de comparaison le Tilleul. Je commencerai donc par exposer tout
ce qu'ils présentent de remarquable à l'Extérieur; je vous
en ferai donc la DÉMONSTRATION, en appliquant les NOMS à
mesure que l'occasion s'en présentera.

Pour donner une idée de la Manière dont ces Noms
nous arrivent dans le cours ordinaire de la vie, je suppose un Etranger qui, dès le commencement de l'été,
entre pour la première fois dans le Jardin des Tuileries
par les Champs-Elysées. Il est frappé de la grandeur de
l'ensemble qui l'entoure; les Arts se sont réunis pour rendre
ce Palais digne de la Majesté de nos Rois; mais, grâces aux

talens de Lenôtre, la Nature a été appelée pour l'encadrer.

Entre mille il distingue deux ARBRES, qui, par leur stature, semblent rivaliser entre eux ; il oublie bientôt toutes les merveilles de l'Art, toute son admiration leur est réservée : cependant ils sont encore loin d'être dans la plénitude de leur magnificence, car leurs Fleurs ne sont pas encore épanouies ; cela met plus d'égalité entre eux, car autrement l'un d'eux éclipseroit son modeste rival.

Il saisit bientôt, au premier coup-d'œil, des Traits qui lui donnent les moyens de les distinguer, si bien qu'il rapporte, sans hésiter, à l'un ou à l'autre, d'autres Arbres de taille et de volume bien différens.

Il peut chercher, en les comparant, à déterminer en quoi consiste leur différence ; pour cela, il détaillera toutes leurs parties : quelqu'attention qu'il mette dans cette recherche, qui sera le fruit de sa méditation, elle fera peu d'effet et disparoîtra peut-être bientôt de sa Mémoire.

Mais s'il se trouve à côté de lui quelqu'un dont la Physionomie prévenante lui promette de la complaisance, il lui demande le nom de ces deux Arbres : celui-ci lui dit que le premier est un MARRONIER *d'Inde*, et l'autre un TILLEUL.

Encouragé par la manière dont on a satisfait à sa première question, il en fait d'autres, et il apprend que le nom de Marronier a été donné à cet Arbre, parce que son Fruit ou sa Graine ressemble extérieurement à celui du Châtaignier ou au Marron ; qu'il est surnommé d'*Inde*, parce qu'il a été apporté, il y a plus de deux siècles, d'un pays éloigné qu'on a confondu avec l'Inde ; que, jusqu'à présent, ce Fruit n'a pas été d'un grand Usage, à cause de son Amertume insupportable ; que son Bois est de mauvaise qualité, en sorte que, jusqu'à présent, on le regarde plutôt comme un Objet d'Agrément, que d'Utilité.

Quant au second, ou au Tilleul, on lui dit qu'il croissoit naturellement dans nos Forêts ; qu'on l'en a arraché pour venir embellir les Palais des Rois ; que ses Fleurs sont recueillies avec soin, parce qu'on les emploie avec succès dans plusieurs Maladies ; que son Bois, quoique peu solide, est très-liant, ce qui le fait rechercher d'un grand nombre d'Ouvriers.

L'Etranger peut alors appliquer aux deux Noms qu'il a appris les connoissances que sa propre observation, ou son AUTOPSIE, lui a fait découvrir : c'est l'AITIOLOGIE ; ou celles qui lui ont été transmises, l'AUTORITÉ : c'est l'HISTOIRE.

Ces détails se groupent, pour ainsi dire, autour des deux Noms; et, dès que l'un d'eux sera prononcé, il rappellera toujours l'Objet qu'il désigne, avec tous ses Accessoires.

Il peut poursuivre ses Observations; quelque nombreuses qu'elles deviennent, elles se fixeront dans sa Mémoire, parce qu'elles se rattacheront les unes aux autres.

En découvrant, comme je l'ai dit, autour de ces deux colosses, d'autres Arbres de même espèce, mais diminuant graduellement pour la Taille, il verra qu'ils ne se sont accrus que par des degrés insensibles.

Cet Accroissement est un des plus grands Mystères de la Nature. Il suppose, d'abord, la puissance de s'accroître, c'est-à-dire, de faire passer dans son intérieur une Matière étrangère.

Secondement, la Matière elle-même.

De là, ces deux divisions :

Les Plantes considérées en elles-mêmes, je veux dire par rapport à leur Accroissement ;

Les Plantes considérées dans leurs rapports avec les Corps environnans : c'est la NUTRITION.

Pour considérer les Plantes en elles-mêmes, notre Etranger a pu apprendre, par les renseignemens historiques, que le premier Marronier d'Inde qui a crû en France, est provenu d'une Graine ou Marron, qui a été envoyé de Constantinople par Busbecque ; en sorte que toute la Matière maintenant employée en Marronier d'Inde, sur la surface de la France, ce qui est immense, a donc été déterminée par ce premier point.

Quant au Tilleul, on lui dit bien qu'il porte un très-grand nombre de Graines qui peuvent le reproduire; mais qu'on trouve plus commode et plus prompt d'arracher des Branches dans la partie basse du Tronc, et de les planter.

De là deux modes de Reproduction : le premier, par des Corps particuliers qui se detachent d'eux-mêmes, c'est la GRAINE.

Le second, par des parties détachées, mais garnies de BOURGEONS.

Ces Bourgeons ont donc, comme la Graine, le pouvoir de reproduire de nouveaux Individus; mais, suivant le cours de la Nature, ils restent attachés à la partie où ils ont pris naissance, et déterminent l'apparition de nouvelles Parties.

C'est donc par leur moyen qu'une partie de l'augmentation a lieu; mais elle est extérieure, et par conséquent facile à examiner. Et en comparant successivement les Arbres les plus petits avec les plus grands, on aperçoit qu'à mesure qu'ils avancent en âge, leur corps, ou leur Tronc, et ses Branches, augmentent en volume; cependant leur superficie, ou l'Ecorce, étant un Corps desséché, semble être contraire à toute Reproduction. Cette Augmentation est donc intérieure.

La première de ces Augmentations ayant donc pour caractère de s'opérer à l'extérieur, elle doit être facile à observer; car, pour cela, il suffit de constater l'Etat d'un Arbre à une époque déterminée, c'est-à-dire, de passer en revue toutes les portions de sa superficie, que l'on pourra distinguer entre elles; en tenir note; ensuite, après un laps de temps plus ou moins long, recommencer un nouvel examen que l'on comparera au premier; on jugera par là de tous les changemens qui se seront opérés.

Ainsi donc, dans cet Examen, on regarde la Végétation comme fixe; cependant un de ses Elémens étant le Temps, elle est entraînée par lui; mais, comme ses progrès sont insensibles, nous ne pouvons les saisir qu'en les détachant les uns des autres par des intervalles plus ou moins rapprochés.

Me voilà, enfin, parvenu au sujet réel de cette Séance, l'Extérieur des Plantes.

Examen comparatif de l'Hipocastane et du Tilleul.

1. Abandonnant toute espèce de figure, je vais entrer directement en Matière. Ce sera par l'Examen comparatif des deux Arbres que j'ai cités, le Marronier d'Inde, ou, pour parler plus convenablement, l'Hipocastane et le Tilleul.

Pour cela, je vais passer en revue leurs différentes Parties. De temps immémorial on les regarde comme distinctes, et on les désigne par des Noms particuliers, dont le plus grand nombre se retrouve dans toutes les Langues, étant connus par toutes les classes de la société.

2. Ainsi donc, je trouve que ces deux Arbres s'attachent à la terre par de nombreuses Racines, d'où s'élève un Tronc simple qui, à une certaine distance du sol, se divise en Branches *principales*; que celles-ci se subdivisent en Branches

secondaires, qui se subdivisent encore plus ou moins, suivant l'élévation de l'Arbre ; qu'en les suivant, je parviens à un RAMEAU, ou Branche plus mince, qui porte des SCIONS ou jeunes Branches garnies de FEUILLES, et qu'à l'AISSELLE de chacune d'elles se trouve un BOURGEON.

Il est certain que toutes ces Parties sont continues ; ce n'est donc que par la pensée que je les regarde comme distinctes : c'est donc l'ANATOMIE RATIONELLE. C'est ainsi que le Peintre se représente le Corps humain divisé en Tête, Membres et Tronc.

3. Maintenant, si je veux me rendre raison des différences qui existent entre ces deux Arbres, il faudra que je compare successivement ces différentes Parties entre elles. Je pourrois, à la rigueur, faire cet Examen en les laissant en place ; ainsi, je vois deux de leurs Rameaux s'entre-croisant, qui viennent me présenter, côte à côte, une de leurs Feuilles, et j'y saisis tout de suite de grands points de différence ; mais il sera plus commode de les détacher, ce qui se fait sans effort.

Rapprochons maintenant une Feuille de chacun de ces deux Arbres. On y distingue deux parties générales : un PÉTIOLE, ou ce qu'on nomme plus communément la Queue, et la LAME, ou Disque ; mais il n'y en a qu'une dans le Tilleul, et il y en a sept dans l'Hipocastane ; la première est *simple*, et la seconde *composée* ; mais, si je détache six des Feuilles latérales, qu'on nomme FOLIOLES, elles se trouveront à-peu-près semblables.

Elles se ressemblent en ce qu'elles sont *vertes*, quoique de nuance différente ; elles forment de même une surface plane, dont l'Epaisseur est presque nulle, par rapport aux deux autres Dimensions ; elles sont partagées en deux portions à-peu-près égales par une ligne blanche ou NERVURE principale. Mais, dans le Tilleul, cette Nervure est accompagnée à sa base de quatre autres latérales, qui sont ouvertes de manière à représenter les doigts de la main ; dans l'Hipocastane, il n'y a que des Rameaux latéraux qui partent alternativement de droite et de gauche.

Dans les deux, ces Nervures se divisent et se subdivisent, de manière à composer une espèce de Réseau. Le plus grand nombre de leurs ramifications se perd en se repliant dans l'intérieur ; mais d'autres gagnent le bord et vont se terminer dans un prolongement particulier ; c'est une DENTELURE.

Sur une des surfaces, les Nervures forment un sillon creux, tandis que, sur l'autre, ils sont saillans ; si l'on considère la Feuille en place, on verra que la première surface est tournée en haut vers le Zénith, ou le Ciel, et l'autre vers la Terre, en sorte que ces Feuilles ont un *dessus* et un *dessous.*

4. La Circonscription, ou la Figure que forme le Contour, diffère beaucoup dans les deux.

Dans l'Hipocastane, la longueur, prise dans le sens de la Nervure principale, est plus considérable que la largeur ; au lieu que, dans le Tilleul, ces deux dimensions sont à-peu-près égales.

Dans l'Hipocastane, les deux Bords, en partant du Pétiole, ce que je nomme l'Expansion, forment un Angle aigu, dont les côtés se prolongent jusques vers les deux tiers de la longueur, en sorte que c'est là que se trouve la plus grande largeur ; de là, ils gagnent le sommet, où ils forment une pointe aiguë.

Dans le Tilleul, ces deux Bords redescendent en s'arrondissant, et forment une large échancrure où se trouve l'Expansion ; de là, la forme générale de la Feuille est celle d'un Cœur.

5. Le Pétiole appartient donc à plusieurs Feuilles dans l'Hipocastane, à une seule dans le Tilleul. Dans l'Hipocastane, il est plus long que la principale Foliole ; dans le Tilleul, il est plus court. Dans les deux, il est *concave* en dessus et *convexe* en dessous, et il est renflé au point d'où il part du Scion, ou à son Insertion.

L'Aisselle est le point renfermé dans l'Angle aigu que forme le Pétiole avec la partie montante du Scion. Cet espace est ordinairement occupé par un Bourgeon.

Le Bourgeon se trouve à la base du Pétiole, immédiatement au-dessus du renflement, c'est-à-dire, du côté concave. Nous nous contenterons, pour le moment, de remarquer sa Position.

6. Le Scion est la jeune Branche garnie de Feuilles. Par son examen nous connoîtrons le rapport que celles-ci ont entre elles, et nous le supposons détaché au point de son origine.

Nous remarquerons qu'en général les Feuilles y sont de grandeurs assez inégales ; celles d'en bas et d'en haut sont les plus petites, en sorte que c'est vers le milieu qu'elles ont les plus grandes dimensions, ou leur *Maximum.* Dans l'Hipocastane, elles varient aussi pour le nombre des Folioles : ainsi, elles n'en ont que cinq dans le bas, et quelquefois dans le haut on en trouve de petites qui n'en ont que trois. Elles varient aussi dans leur ECARTEMENT, c'est toujours dans le rapport de leurs dimensions ; ainsi, dans le bas et dans le haut, elles sont très-rapprochées. Négligeant les plus inférieures, je commencerai leur examen vers le tiers de la hauteur ; là, considérant une Feuille dans sa Position, je verrai d'abord que son Pétiole fait un Angle plus ou moins aigu avec le Scion montant, et que sa partie concave lui fait face ; à son opposé, se trouve une seconde Feuille qui lui ressemble aussi parfaitement que possible, dans sa Position ou sa source : c'est donc un COUPLE.

7. Un Espace cylindrique plus ou moins long, que je distingue par le nom de MÉRITHALLE, la sépare de deux autres Feuilles : mais elles partent sur le côté opposé ; c'est-à-dire, que, si l'on suppose le Scion perpendiculaire, et que les deux premiers Pétioles se dirigent Nord et Sud, les deux de dessus et de dessous se dirigeront Ouest et Est ; tous garderont entre eux le même ordre ; en sorte que, si l'on regarde le Scion à vue d'oiseau, l'on trouvera que les Feuilles, disposées sur quatre rangs, formeront une Croix.

En approchant du sommet, on verra donc décroître les Feuilles de dimension et d'Ecartement ; enfin, on parviendra à un Bourgeon terminal. Comme il est ordinairement plus gros que ceux qui se trouvent dans les Aisselles des Feuilles, il sera plus aisé à examiner ; on verra qu'il est composé d'ECAILLES qui se recouvrent successivement.

8. Il résulte de là, que le Scion est composé d'autant d'Espaces cylindriques qu'il y a de Couples de Feuilles ; ce sont donc les parties intégrantes du Scion, ou les Mérithalles. Mais celui d'en bas est d'un diamètre beaucoup plus grand que celui d'en haut ; et, si l'on en compare plusieurs entre eux, on trouvera que le diamètre inférieur est toujours d'autant plus grand qu'il y a un plus grand nombre de Feuilles interposées ; en sorte que sa Forme générale approche de celle d'un Cône tronqué. Sa Surface est d'un beau vert très-lisse, excepté quelques points un peu saillans et de couleur obscure : ce sont des PORES-CORTICAUX.

Dans le Tilleul, nous remarquerons pareillement que le Scion est plus ou moins allongé, en raison de la quantité de Feuilles qu'il porte, et qu'il va de même en diminuant de la base au sommet ; qu'il est pareillement vert et parsemé de Pores-corticaux.

Chaque Feuille est *isolée* ; pour en trouver une seconde, il faut monter ou descendre. Ainsi, en montant, après avoir parcouru un certain Espace cylindrique, je retrouve une Feuille sur le côté opposé à celle d'où je suis parti ; après avoir encore parcouru un intervalle à-peu-près pareil, je rencontre une troisième Feuille, mais qui se trouve précisément au-dessus de la première, et la quatrième revient au-dessus de la seconde ; continuant ainsi jusqu'au sommet, je trouve toutes les Feuilles placées alternativement sur deux rangs, ce que l'on nomme *Distique* ; mais chaque intervalle, ou Mérithalle, est fléchi en zig-zag. Toutes ces Feuilles ont chacune leur Bourgeon, et celui qui se trouve à la dernière termine abruptement le Scion.

9. Ainsi, la plus grande différence qui existe entre les deux Scions, c'est que, dans l'Hipocastane, les Feuilles sont *opposées*, et qu'elles sont *alternes* dans le Tilleul, c'est-à-dire, que la partie intégrante du Scion, ou le Mérithalle, porte deux Feuilles dans l'Hipocastane, et une seule dans le Tilleul ; elles sont *associées* dans le premier cas, *isolées* dans le second.

10. Examinons maintenant ces Scions à leur place. Il pourroit arriver qu'ils partiroient directement du sein de la Terre : ce seroit alors le commencement de deux Arbres. Dans l'Hipocastane, d'après ce que nous avons dit, il doit être le produit immédiat d'une Graine, par conséquent de la Germination : nous n'en donnerons ici qu'un aperçu, nous réservant d'en parler plus en détail dans la huitième Séance, qui sera consacrée à cet Acte important de la Végétation. Dans le Tilleul, il pourroit en outre venir d'un Bourgeon.

Mais avant d'en venir à cet examen, nous allons considérer les Scions comme sortant d'une Partie extérieure : c'est le Rameau. Dans l'Hipocastane, le Rameau peut être encore considéré comme une espèce de Cône tronqué ; car, depuis le point d'où part le Scion terminal, où il a le même diamètre que lui, il va en se renflant insensiblement jusqu'à sa base : sa longueur est plus ou moins grande par rapport à ce Scion ; mais très-souvent il lui est à-peu-près égal. De distance en distance il porte d'autres Scions ; ils partent deux à deux et forment un Angle aigu avec le Rameau ; au-dessous de chacun d'eux on remarque une Tache triangulaire, sur laquelle on remarque sept points plus foncés, disposés en V ; on n'a pas de peine à y reconnoître la place où se trouvoit la Feuille l'année précédente ; on retrouve de même les Vestiges de toutes les autres, et en les comparant avec les Feuilles existantes sur les Scions, on voit qu'elles n'ont pas varié dans leur Ecartement.

Sur quelques-uns de ces Vestiges l'on apercevra encore d'autres Scions ; mais sur les autres l'on ne trouvera qu'un Bourgeon. L'on découvrira, par ce moyen, que tous les Scions ne sont autre chose que le développement d'un certain nombre de Bourgeons, et comme eux ils se croisent à Angle droit. A la Base, l'on verra encore d'autres Vestiges circulaires, qui forment un ANNEAU : c'est lui qui sépare le Rameau de la Branche. La surface du Rameau est de couleur brun-clair, sur laquelle se détachent les Pores-corticaux, qui sont blanchâtres.

11. Le Rameau du Tilleul est aussi de forme conique, le sommet ayant pour diamètre celui du Scion qui le termine, et croissant insensiblement vers sa base. De tous les Vestiges de Feuilles qui se trouvent sous les saillans des fléchissemens, il est parti des Scions, mais ils sont très-inégaux : les deux ou trois plus près du Sommet sont les plus considérables ; ils forment un Angle aigu avec le Rameau ; ils approchent plus ou moins du terminal par le nombre de leurs Feuilles, et par conséquent pour leurs dimensions ; mais les suivans vont en diminuant de longueur, en sorte que les derniers ne portent plus que deux à trois Feuilles. L'Angle qu'ils forment s'ouvre aussi de plus en plus, en sorte que les Scions du milieu forment un Angle droit, et les derniers se rabattent vers la Tige. Tous ces Scions conservent la position distique primordiale des Feuilles, en sorte qu'ils se trouvent dans le même plan et forment une espèce d'Echelle ; le Scion terminal se conserve aussi dans le même plan. Dans les Scions latéraux, les Feuilles et les Bourgeons, par conséquent, sont placés latéralement. La surface du Rameau a pris une couleur rougeâtre plus ou moins vive à sa surface ; avec un peu d'attention on y remarque un Réseau composé d'une Membrane fine qui paroît provenir d'un déchirement.

12. Remettant ces deux Rameaux en place, nous trouverons encore que les uns prennent naissance d'autres parties exté-

rieures, ce sont des Branches; mais que les autres sortent du sein de la Terre. Dans ce cas, nous aurons décrit deux Arbres à la seconde année de leur existence. Continuons l'examen des premiers. C'est donc une Branche qui les porte. Nous trouverons à celle-ci encore la forme conique, c'est-à-dire, qu'au point d'où partira le Rameau terminal, elle aura le même diamètre que lui, tandis qu'à sa base elle en aura un plus large, et il le sera d'autant plus que ces deux parties seront plus éloignées.

13. Dans l'Hipocastane, la Branche portera des Rameaux tels que nous les avons décrits, mais généralement plus petits que le terminal. Ils partiront toujours deux à deux, et sous leur Insertion on reconnoîtra encore le Vestige de la Feuille; il en sera de même de toutes les autres, dont les unes seront de même surmontées de Rameaux ou d'un Bourgeon. L'on pourra encore s'assurer, en les comparant avec ceux qui sont sur les Rameaux, qu'ils n'auront pas changé de forme ni de volume. Quant aux Vestiges mêmes des Feuilles, on reconnoîtra qu'ils n'auront pas varié en Elévation, mais qu'ils se seront encore fort élar.is.

La Branche, dans le Tilleul, ne portera que deux ou trois Rameaux; ce sont ceux du sommet, qui, suivant la remarque précédente, formoient les Scions allongés. Mais on retrouvera encore les Vestiges de tous les autres qui auront péri, et quelquefois les Scions eux-mêmes desséchés.

Dans le Rameau terminal, le Scion nouveau conservera toujours le plan primordial; mais dans les latéraux ils en formeront un qui coupera celui-ci à Angle droit, et qui, de même, se conservera toujours.

Supposant ces deux Branches sortant de terre, elles formeront deux Arbres de trois ans. Nous pouvons encore les regarder comme détachées d'une nouvelle Branche; mais son examen se compliquera, parce qu'il faudra tenir compte do trois générations de Ramifications. Cependant elles ne sont pas aussi nombreuses qu'elles pourroient l'être, car nous voyons que dans l'Hipocastane il n'y a qu'un certain nombre de Bourgeons qui se développent, les autres restent stationnaires. Dans le Tilleul, ils se développent presque tous; mais les Scions produits par le plus grand nombre périssent l'année d'après.

14. Arrêtons-nous à une Branche secondaire, que nous supposerons sortant de Terre. Dans l'Hipocastane, elle

aura quatre Branches primaires, dont chacune portera un pareil nombre de Rameaux; ceux-ci seront garnis encore de pareil nombre de Scions; ces derniers auront au moins le double de Feuilles. En réunissant les Rameaux et les Scions supérieurs, l'on voit que cet Arbre de quatre ans porteroit des milliers de Feuilles et de Bourgeons. Il en seroit de même du Tilleul; de plus ils seroient tous les deux *Rameux* dès la base. Cependant, un des caractères qui distinguent ces Arbres, c'est d'avoir un Tronc nu, c'est-à-dire, sans Branches jusqu'à une certaine élévation au-dessus du Sol; ce ne seroit donc qu'à l'Art qu'on devroit cette forme. Il est certain qu'il est très-rare de pouvoir reconnoître directement par quel moyen la Nature détermine la forme simple des Troncs de ces deux Arbres, car ils sont rarement laissés à eux-mêmes.

15. On pourroit suivre, dans ces deux Arbres, encore plusieurs embranchemens, car l'on y distinguera les Pousses les unes des autres par des *Vestiges annulaires*, et toujours l'on trouvera que leur Augmentation successive en diamètre est en raison de leur nombre; mais à mesure que l'on descendra, on trouvera l'Ecorce de plus en plus raboteuse; enfin, on parviendra au Tronc des plus élevés, où cette Ecorce ne sera plus composée que d'Ecailles desséchées.

C'est à-dire, qu'on y remarque des Fentes longitudinales qui se prolongent plus ou moins loin; d'autres, horizontales, les croisent et les partagent ensuite en quadrilatères très-irréguliers. Dans l'Hipocastane, les Fentes longitudinales ont une inflexion particulière par laquelle ils semblent tracer une Hélice très-prolongée.

Les Traces annulaires distinguant les Pousses, ont disparu, en sorte que ce Tronc paroît être tout d'une venue; on ne peut cependant douter, d'après l'inspection d'Arbres plus jeunes, qu'il ne soit le produit d'un nombre plus ou moins grand d'années, et par conséquent de Pousses distinctes.

Ainsi, supposé qu'il y ait douze pieds depuis le Sol jusqu'aux premières Branches, ils auront pu être le produit de quatre années (pour peu que le terrain eût été favorable). Il auroit donc été semblable à celui dont nous avons observé la croissance à l'article 14; ainsi, il auroit eu déjà trois générations de Scions, et par conséquent des Rameaux et des Branches. Elles ont disparu, mais probablement par l'effet de l'Art, comme nous l'avons dit plus haut; ainsi, les premières Branches existantes seroient le produit de la cinquième année.

16. Il est certain qu'à quel degré d'élévation que soit parvenu un Hipocastane ou un Tilleul, sa Tige est composée d'autant de parties qu'il y a d'années écoulées depuis sa première sortie, soit d'une Graine, soit d'un Bourgeon; mais les traces qui les distinguoient se sont effacées, on les retrouve en partant du sommet, soit de la Tige, soit d'une Branche, pendant un certain laps d'années, une dixaine à-peu-près; mais on ne pourroit pas, d'après leur examen, entreprendre de déterminer les autres Pousses, parce qu'elles sont ordinairement très-inégales. Ainsi, les premières années, elles sont très-longues; elles diminuent insensiblement, parviennent à un terme moyen qui se soutient assez long-temps; elles diminuent ensuite, et se réduisent tellement qu'on peut mettre en doute si elles ont pris quelqu'accroissement : il y en a toujours; mais il est tellement réduit, qu'une Branche du Sommet, d'un pied de long, porte quelquefois l'empreinte de six années au moins de croissance.

17. Nous voilà revenus à la surface de la Terre; là, nous retrouvons, sortant de son sein, le Scion, le Rameau, les Branches de différens Ordres, jusqu'aux plus gros Troncs, formant une progression continue d'autant d'Arbres distingués seulement par la complication de leur Embranchement; car, par des circonstances particulières, il arrive souvent que l'Élévation et le volume ne sont pas en raison de l'âge. Nous pourrons donc, par leur moyen, prendre l'idée de l'extension successive de leurs Racines, et nous aurons d'autant plus de facilité à les mettre au grand jour, qu'elles seront plus près de leur origine. C'est donc le Scion, c'est-à-dire, l'Arbre la première année de sa formation, que nous pourrons arracher le plus facilement pour mieux l'examiner.

18. Si, pour l'Hipocastane, nous fouillons la Terre avec précaution, à une distance plus ou moins éloignée de la superficie, nous rencontrerons une sorte de Tubérosité; on n'a pas de peine à la reconnoître pour un Marron d'Inde, ou la Graine; car elle n'a pas sensiblement changé de Forme ni de Couleur, seulement elle est fendue d'un côté, et il sort de là deux bras qui embrassent la base du Scion, ou pour mieux dire, ils ont l'air d'en faire partie; si on en enlève la coque, ou le Tégument, ce qui n'est pas difficile, on trouve la partie

intérieure divisée irrégulièrement en deux portions charnues et verdâtres ; au-dessous, le Scion se prolonge, et descend perpendiculairement à une grande profondeur ; mais il va en diminuant insensiblement vers la base, en sorte qu'il a l'apparence d'un Cône renversé ; il jette de droite et de gauche des filamens blanchâtres, quelquefois simples, mais plus souvent ramifiés : c'est donc au point d'attache du Marron que se trouve la partie la plus grosse.

19. Quant au Tilleul, nous avons dit qu'il se propage souvent par des Bourgeons détachés d'autres Troncs. Dans ce cas, on trouveroit que le Scion partiroit d'une Souche enfouie, plus ou moins grosse ; mais si c'est d'une Graine qu'il a tiré son origine, on rencontre immédiatement au-dessous de la Feuille inférieure, et à un pouce plus ou moins du sol, deux Feuilles qui diffèrent beaucoup des autres, d'abord par leur Position, car elles sont *opposées*, comme celles de l'Hipocastane ; par leur Volume, étant beaucoup plus petites ; par leur Forme, car elles sont à cinq divisions aiguës, ouvertes comme les doigts de la main, ce qu'on nomme *Palme* ; enfin, par la disposition des Nervures, qui sont alternes, c'est-à-dire, ne partant pas du seul point d'Expansion. Pénétrant ensuite en Terre, on voit le Tronc y descendre perpendiculairement, se divisant successivement en Rameaux plus ou moins simples, mais sans qu'on y découvre aucune trace qui, comme dans l'Hipocastane, indique la place de la Graine ; cependant on ne peut douter qu'elle n'ait existé : il seroit facile de s'en assurer, car il suffiroit d'avoir sous les yeux, en même temps, des Arbres de différens âges ; mais cela demande un certain nombre d'années écoulées, au lieu que nous pouvons, dans l'espace de quelques semaines, nous procurer une suite des deux espèces de Graines à différens degrés de Végétation ou de Germination. En supposant qu'on les ait placées sur la surface même du terrein, et pour peu qu'on l'ait maintenue humide, elles se seront aussi bien développées que si elles eussent été enfouies ; on verra par ce moyen que, dans les deux, le premier acte de Végétation est un gonflement remarquable, d'où il résulte une crevasse dans le Tégument, et qu'il en est sorti un filament blanc qui a tendu à s'enfoncer en terre, que l'on a vu également, dans les deux, qu'il se divisoit en deux Branches à sa sortie de la Graine.

20. Mais la Graine d'Hipocastane est restée immobile à la

place où elle avoit été mise , et son Volume n'a plus éprouvé d'Augmentation ; tandis que celle du Tilleul , se trouvant soulevée, s'est entr'ouverte, laissant apercevoir de plus en plus les deux Feuilles qu'elle renfermoit. Celles-ci tendant à se développer , elles y sont bientôt parvenues, et le Test de la Graine a été rejeté, ou est resté quelque temps engagé à l'extrémité de l'un des Lobes de la Feuille. C'est donc de l'entre-deux de ces Branches engagées, qu'est sorti le jeune Scion , dans l'Hipocastane comme dans le Tilleul ; mais dans le premier, il n'a commencé qu'au point où avoit été placée la Graine ; au lieu que c'est d'un pouce au-dessus du Sol, qu'il est parti dans l'autre.

On ne peut méconnoître , dans le Tilleul, deux Feuilles *associées* sur un Mérithalle, qui donnent naissance à un Bourgeon commun. Par l'analogie, on jugera de même que les deux masses charnues de l'Hipocastane sont de même deux Feuilles , mais elles sont restées *sessiles ;* c'est la seule différence essentielle qui se trouve entre les deux; nous apprendrons par la suite jusqu'à quel point elle est importante. Nous dirons, par anticipation, que ces deux Feuilles sont des Cotylédons ; qu'ils sont *hypogées* , ou sous-terreins dans l'Hipocastane, et *épigées* ou extérieurs dans le Tilleul. Je distinguerai par le nom de Protophyles, c'est-à-dire premières Feuilles , les Cotylédons après leur développement.

21. Si nous poursuivons l'examen du Rameau sortant de Terre, c'est-à-dire, de l'Arbre à la seconde année de sa formation, et qu'en l'arrachant nous mettions sa Racine à découvert, souvent nous y trouverons encore attaché le Marron, ou du moins nous y reconnoîtrons les Vestiges de son point d'Insertion ; mais ce ne sera plus le point le plus gros de la Racine, nous le trouverons à la superficie même du Sol ; et, à partir de ce point, on verra des Racines qui se seront détachées du Tronc horisontalement. Cependant, au-dessus du point d'insertion ou des Protophyles, il s'en sera développé encore un assez grand nombre. Si on arrache plusieurs Plants, on reconnoîtra facilement que les Racines, pour leur nombre et leur étendue, sont en rapport avec la partie extérieure.

22. Sur le Rameau terrestre du Tilleul, ou cet Arbre à sa seconde année, nous ne retrouverons plus les Protophyles, ils seront tombés comme les autres Feuilles ; mais avec un peu d'attention on pourra découvrir leur vestige ; au-dessous du

Sol on trouvera des Racines éparpillées, comme dans l'Hipocastane, et le point le plus gros de la Tige sera toujours immédiatement au-dessus de la première Ramification.

Du reste, il n'y a aucune différence pour leur disposition entre elles et celles de l'Hipocastane ; elles sortent indéterminément de tous les points de l'Axe *radical*, se divisent et subdivisent pour se terminer en filets blancs et succulens : c'est le Chevelu.

23. La Branche, ou l'Arbre à la troisième année, peut encore porter, dans l'Hipocastane, les traces de la Graine, ou des Protophyles ; mais du reste, les Racines ne diffèrent que par leur plus grande étendue, et l'on verra que les Racines horizontales se seront encore augmentées au-dessus des Protophyles. Ces Traces seront plus difficiles à observer dans le Tilleul, mais elles seront situées toujours au-dessus de la superficie du Sol. On ne trouvera point de Racines au-dessus, à moins que quelque cause étrangère n'y ait apporté de la Terre.

24. Les Racines terminent donc le Tronc ; mais, enfoncées en terre, elles se dérobent aux regards ; ce n'est que lorsqu'une cause étrangère les a mises à découvert, qu'on peut les examiner. On reconnoît alors que, comme les Branches, elles se divisent et subdivisent jusqu'à ce qu'elles parviennent à devenir si minces qu'on les compare à des Cheveux : de là ce nom de Chevelu qu'on leur donne.

Mais dans les deux Arbres elles sont également distribuées, sortant alternativement les unes des autres, sans ordre apparent.

On a cru remarquer que les plus fortes Racines étoient du même côté que les plus grosses Branches : de là, les uns en ont tiré la conséquence que c'étoit parce que la forte Racine nourrissoit mieux la Branche ; les autres, que c'étoit au contraire la Branche qui, par les Sucs qu'elle puisoit dans l'Atmosphère, déterminoit la Racine. Avant de choisir entre ces deux opinions, cette Correspondance auroit besoin d'être confirmée.

25. Tels sont donc les points de Ressemblance et de Différence que présentent l'Hipocastane et le Tilleul sur leur Extérieur. Cette comparaison nous a mis à même de distinguer plus nettement les différentes Parties qui composent cet Extérieur.

Il s'agit donc maintenant de les prendre chacune en particulier, de saisir la différence qu'elles présentent dans ces
deux Arbres, ensuite de rechercher les Modifications dont
elles sont susceptibles dans toute la série des Végétaux, mais en
ne s'arrêtant qu'aux points qui présenteront quelque Caractère
notable. Nous allons donc passer en revue ces Parties dans
l'ordre suivant :

1º. La Feuille ; 2º. le Bourgeon ; 3º. l'Espace qui sépare
chacune des feuilles, ce que nous nommions le Mérithalle ;
4º. leur Réunion ou le Scion ; 5º. le Rameau ; 6º. la Branche ;
7º. le Tronc ; 8º. les Cotylédons ou les Protophylles ; 9º. les
Racines.

CONSIDÉRATION GÉNÉRALE DE LA FEUILLE.

Feuille simple.

26. La Feuille est une Expansion presque toujours *verte*,
dont l'Epaisseur est ordinairement tellement réduite, qu'elle
ne présente qu'une surface plus ou moins plane.

Quoique sa Figure soit extrêmement variable, on peut la
rapporter à une forme générale, qui dépend 1º. du Point d'où
elle part, ou son Insertion ; 2º. de celui qui lui est opposé,
le Sommet ; 3º. des deux Lignes qui les réunissent en déterminant le Contour, ou la Circonscription.

Cette Insertion est *médiate* ou *immédiate*, c'est-à-dire,
qu'elle est supportée par un Pétiole, ou ce qu'on nomme
vulgairement la Queue ; ou bien elle part directement du
Scion, dans ce cas on la dit *sessile* ; elle est donc alors réduite à la seule Expansion, ce qu'on nomme la Lame.

Le Pétiole ne porte qu'une seule Lame ; alors la Feuille est
simple, comme dans le Tilleul.

Il en porte plusieurs, comme dans l'Hipocastane ; alors la
Feuille est *composée*.

Lame de la Feuille.

27. La Lame est donc la partie essentielle de la Feuille.
Nous allons considérer successivement ses deux extrémités : sa
Base ou son Expansion formée par les Nervures, son
Sommet, enfin sa Circonscription. De son point d'Expansion
il part une Ligne blanchâtre qui la partage en deux parties,
ou Lobes à-peu-près égaux : c'est la Nervure principale ; elle
se termine à l'autre extrémité de la Lame, où elle forme souvent

une pointe : c'est le Sommet. C'est ordinairement la dimension la plus grande de la Feuille ; ainsi c'est la Longueur. Quant à la seconde dimension, ou la Largeur, elle est déterminée par une Ligne *imaginaire* perpendiculaire, qui se trouve plus ou moins rapprochée de la Base ou du Sommet. Ainsi dans l'Hipocastane elle est vers le Sommet, tandis qu'elle est vers la Base dans le Tilleul.

Des Nervures.

28. La Nervure principale fournit des Rameaux qui partent alternativement de droite et de gauche, et se dirigent vers les bords, en formant un Angle plus ou moins aigu ; ils se divisent et se subdivisent de manière qu'ils finissent par se rencontrer latéralement, en sorte que toute la surface se trouve former un Réseau continu de couleur blanchâtre, dont les Mailles, plus ou moins larges, sont remplies par une substance *verte* ; quelques-unes des dernières Ramifications gagnent le bord, et s'y terminent en se confondant dans ce bord même ; alors la Feuille est *entière* : ou bien dans un point saillant, que sa forme a fait comparer aux dents d'une Scie ; cette Nervure s'y prolonge, et se manifeste souvent en dehors par une pointe.

En examinant la Nervure, on voit d'abord que, sur une des surfaces, elle est aplatie, ou même creusée en sillon, et concave, et que, de l'autre, elle est saillante, et forme un demi-cylindre. La première superficie est tournée vers le Ciel, c'est la *supérieure* ; elle est d'un *vert* plus intense que l'opposée, ou l'*inférieure*. En suivant la Nervure depuis la Base, on voit qu'elle va en diminuant d'Epaisseur en gagnant le Sommet, en sorte qu'on y reconnoît un Tronc principal, ou un Faisceau général dont il se détache successivement des Faisceaux partiels, jusqu'à ce qu'ils parviennent à un simple fil ou FIBRE.

Dans le Tilleul, nous avons vu que de la Base il partoit cinq Nervures : elles sont à-peu-près égales, et ouvertes de manière à imiter les doigts de la main. Cette disposition est assez commune, mais le nombre des Digitations varie ; cependant il est presque toujours impair, en sorte qu'il y en a toujours une centrale qui partage la Feuille en deux LOBES à-peu-près égaux ; excepté dans un petit nombre, comme l'Orme et le Celtis, où l'un des Lobes se prolonge plus que l'autre : ils sont encore plus inégaux dans les *Begonia*. De ces

différentes distributions de Nervures naît en général la figure
variée des Feuilles.

Circonscription de la Lame.

29. Ainsi, lorsque les Nervures *secondaires* ne sont qu'alternes, elles forment ordinairement des Feuilles *ovales*, rarement *orbiculaires*, encore moins souvent plus *larges* que *longues*;
elles sont *dentées* ou *crénelées*, suivant que les Découpures sont
aiguës ou arrondies. Dans le premier cas, une partie des dernières Nervures sortent en dehors : elles deviennent *sinuées* de
différentes manières, largement, et d'une manière arrondie
dans le Chêne; aiguës ou *pinna ifides*, dans un grand nombre,
comme les Crucifères, etc. Elles sont *entières*, lorsque toutes
les Nervures rentrent dans le Disque; quelquefois elles se
confondent dans un Bord continu et membraneux, comme
dans le Laurier : c'est une des formes les plus simples, aussi
la Nature l'a-t-elle reproduite souvent, sur-tout dans les pays
chauds.

30. Lorsque les Nervures sont *digitées*, elles forment une
charpente plus compliquée. C'est par leur moyen que la
Lame peut revenir sur elle-même à la Base, en formant une
Échancrure plus ou moins remarquable, comme dans le Tilleul et la Violette, où la Feuille est *cordiforme*, parce que le
Sommet est *aigu*, tandis qu'elle est *reniforme* dans *l'Asarum*,
parce qu'il est *arrondi;* enfin elle est *sagittée* dans la Fléchière
ou *Sagittaria*, d'où lui vient ce nom, parce que les deux Lobes
sont *aigus* ainsi que le Sommet.

Plus ordinairement elles déterminent des Lobes distincts. Ainsi, il y en a trois dans l'Érable de Montpellier.
Il y en a cinq dans la Vigne et dans un grand nombre d'autres
Plantes. Ce sont donc ces Digitations qui déterminent la
Figure. Cependant nous voyons dans le Platane à-peu-près
la même forme que dans une espèce d'Érable; si bien qu'on
lui fait porter le même nom. Cependant l'Érable seul a des
Nervures *digitées*; dans le Platane elles partent alternativement, mais, à la vérité, très-près l'une de l'autre.

31. Quelquefois les Feuilles se trouvent tellement découpées,
qu'elles ne laissent qu'une petite bordure verte le long des
Nervures : alors elles sont *laciniées*, comme dans le Fenouil.
Quelque singulière que soit cette circonstance, elle ne paroît
pas d'une grande importance, puisqu'elle ne suffit pas pour
distinguer comme Espèces certaines Plantes qui ne diffèrent

d'autres que par ce seul caractère ; ainsi , on regarde comme simples Variétés la Vigne dite de Cioutat et le Sureau Lacinié. Enfin , sur certaines Plantes aquatiques, comme les Renoncules *aquatiques*, les Feuilles sont *laciniées* quand elles sont plongées dans l'eau , tandis qu'elles sont *entières* à la surface.

Comme nous l'avons annoncé, les Découpures en nombre pair sont très-rares. L'exemple le plus remarquable est fourni par le Ginko, que de là on a surnommé *biloba*, parce qu'effectivement sa Feuille est divisée en deux Lobes. Ses Nervures sont extrêmement fines, et sont d'une Nature particulière ; ce qui influe sûrement sur sa forme singulière.

La Feuille du Tulipier peut être considérée comme ayant quatre Lobes, et ses Nervures sont alternes. Quelquefois il existe des Nervures latérales dans des Feuilles très-entières ; tels sont les Cornouillers et la nombreuse tribu des Mélastomes.

32. Comme nous l'avons dit, les Nervures forment par leurs subdivisions une espèce de Réseau ; mais il arrive dans un grand nombre de Plantes, qu'au lieu de se rapprocher les unes des autres , elles parcourent en ligne droite la longueur du Disque : ce qui leur donne une forme particulière ; étant larges à la Base , elles vont en s'amincissant vers le sommet, en sorte qu'elles ont la figure d'une Lame d'épée. On voit que c'est parce que les Nervures extérieures viennent successivement se confondre avec le bord. Ce caractère appartient à une nombreuse série de Végétaux , dont nous connoîtrons successivement les particularités ; ce sont les Monocotylédones. Les Liliacées en forment la portion la plus remarquable. Leurs Feuilles ont quelque chose de gras ou d'onctueux au toucher ; par-là elles se distinguent des Graminées qu'on confond avec elles. Dans celles-ci elles sont au contraire très-sèches : elles paroissent aussi composées de fibres longitudinales ; mais, quand on les observe attentivement , on voit qu'elles sont composées alternativement d'un Filet *blanc* et d'un Filet *vert* presque d'égale épaisseur. Dans l'Oignon *commun* la Lame est *fistuleuse*, c'est-à-dire creuse d'un bout à l'autre , et formant un cône aigu et renflé.

33. Dans les Amomées il y a une Nervure *principale* qui en fournit un grand nombre de *latérales :* elles vont gagner le bord obliquement et parallèlement ; elles sont distribuées à-peu-près de même dans le Bananier; mais les Nervures latérales partent presque à Angle droit, et elles se déchirent facilement dans ce

sens. Il semble que ce soit un passage pour arriver aux Palmiers, dont les Feuilles sont encore plus sèches, et sur tout plus tenaces ; mais elles sont encore conformées à-peu-près de même. Dans toutes ces Plantes, quoique les Nervures soient parallèles et à des distances égales, on en remarque de plus renflées, séparées les unes des autres par un nombre déterminé ou constant, de plus minces.

Dans les autres Plantes, que par opposition l'on nomme Dicotylédones, l'on voit aussi la consistance des Feuilles varier depuis la plus *sèche* jusqu'à la plus *succulente.* Elles s'épaississent dans les Joubarbes, de manière à ce qu'on ne puisse plus en distinguer les Nervures ; enfin, elles acquièrent une telle épaisseur, qu'elles deviennent presque méconnoissables. Il a fallu emprunter des Termes, soit dans les objets naturels, soit dans ceux de l'Art, pour donner une idée de quelques-unes. Ainsi l'on a comparé les Feuilles d'un Aloës à un bec de Canne, un autre à un Pouce écrasé ; elles sont encore plus extraordinaires dans les Ficoïdes, car on y a trouvé des Museaux de Chien, de Chat, des Poignards, des Doloires, etc.

Terminaison de la Lame ou Sommet.

34. La Lame se termine ordinairement par une pointe plus ou moins aiguë, qui provient de la Nervure principale et fait souvent une saillie en dehors ; c'est sur-tout dans les Feuilles dentées que cela se remarque.

Quelquefois devenant sèche et dure, il en résulte une Epine très-acérée, comme dans le Houx et le *Ruscus* ou Fragon.

S'effilant au contraire et devenant flexible, elle forme une sorte de Vrille, par le moyen de laquelle la Méthonique et la Flagellaire s'accrochent aux Plantes voisines.

Cette Pointe provient quelquefois d'un rétrécissement subit qu'éprouve la Lame, alors on la dit *acuminée* : cela est remarquable dans quelques Figuiers, comme le *religiosa.*

Mais s'émoussant par des degrés insensibles dans différentes Plantes, cette Pointe finit par s'oblitérer ; alors le Sommet devient arrondi comme dans le *Rhus cotinus.*

Enfin, le Sommet rentrant dans le Disque, il en provient d'abord une sinuosité, comme dans quelques Amaranthes ; elle devient de plus en plus profonde, alors la Feuille prend la figure d'un Cœur renversé.

Il devient un Angle plus ou moins ouvert ; de là les Feuilles *bilobées*, dont nous avons déjà parlé, comme le Ginko, ou *quadrilobées*, comme le Tulipier : pour l'ordinaire, dans ces cas, la Nervure est oblitérée, et même il paroîtroit que le Rentrant seroit dû à son défaut d'allongement ; mais elle fait une saillie remarquable dans notre *Dilobéia* de Madagascar.

Mais la plus grande singularité que présente la Terminaison de la Lame, se trouve dans le *Nepenthes*, où elle forme un cylindre creux de la longueur et grosseur du doigt, fermé par un opercule, et rempli d'une eau limpide ; quelques-unes des feuilles radicales du *Cephalotus* de la Nouvelle-Hollande se trouvent changées en un Utricule singulier ; de là on les dit *ascidiées*. Mais celles du *Saracéna* ne peuvent être rangées avec elles, parce que le renflement provient du Pétiole et non de la Lame.

35. Il faudroit des volumes pour passer en revue toutes les différentes espèces de formes que peuvent revêtir les Feuilles ; cependant, quoique, comme je l'ai dit, on ne puisse trouver sur le même Arbre deux Feuilles qui se ressemblent parfaitement, elles ont dans chaque espèce une forme générale qui peut les faire distinguer ; mais il en est quelques-unes où elles varient d'un manière très-remarquable ; tel est le Mûrier commun, mais sur-tout celui qu'on nomme à *papier*, ou *le Broussonetia*.

Ces découpures existent sur les bords de mille manières ; mais dans des cas plus rares, la Lame est *percée* dans son Disque même : de là l'épitèthe de *pertusum*, donnée à une espèce d'Arum, et celle de *fenestrata*, que j'ai appliquée, à la première vue, à l'*Ouvirandra* de Madagascar.

On doit encore considérer la superficie même de la Feuille : elle est *unie*, lorsqu'il n'y a pas de renflement sensible, ou elle est *bosselée*, quand les Aréoles formées par les dernières Nervures forment une saillie plus ou moins considérable, comme dans les Sauges, sur-tout la Sclarée.

En général, les Feuilles ne varient pas seulement par la Figure, mais, de plus, par leurs DIMENSIONS. Ainsi, elles dépassent de beaucoup la taille d'un Homme, si bien qu'une seule peut le mettre à l'abri de la pluie, dans les Palmiers et le Bananier, et sur-tout le Ravenale ; elles descendent de là par toutes les dimensions, pour arriver à celle d'une ligne dans les Bruyères. Les rapports de la Longueur à la Largeur varient également dans toutes les proportions.

Dans les Pins elles deviennent des demi-cylindres acérés ;

dans les Génévriers , ce sont des espèces d'Alènes , dont la pointe se fait sentir vivement. Elles se trouvent enfin réduites à de simples Écailles si petites , qu'on les distingue à peine de la Tige dans les *Thuias* , et surtout le *Tamaris*. Elles finissent donc par devenir si petites, que celles des Plantules qu'on regarde comme plus imparfaites , telles que les Mousses , les surpassent souvent en dimension.

36. Mais dans tous ces exemples elles sont *vertes ;* c'est leur caractère le plus constant. Cette couleur est le signe évident de la Végétation.

Cependant, dans quelques Plantes éparses dans la série végétale , comme les Amaranthes , on trouve de larges feuilles absolument semblables à celles des autres Plantes , mais d'une couleur *rougeâtre.*

Mais il en est d'autres , comme les Orobanches et les Clandestines , qui n'ont jamais que des Écailles de couleur obscure. Il en est de même de la Cuscute.

Tandis que l'Hépatique (*Marchantia*) , Plante qui consiste entièrement dans une sorte de Feuille découpée singulièrement , le *vert* y existe dans toute son intensité.

Elle diffère par là des Lichens, que l'on confond souvent avec elle , car dans ceux-ci l'Expansion foliacée qui les constitue, est plus rarement *verte* que d'une autre couleur.

Il en est à-peu-près de même dans les Varecs ou Plantes marines, ils ne sont de même composés que d'une seule Expansion découpée en une sorte de Feuille, ou de Lanière, des plus singulières ; tandis que les Conferves, qui habitent les mêmes lieux , sont réduites à de simples filamens , mais presque toujours *verts.*

Les Fougères , dont l'essence paroît consister dans la Feuille , en présentent toutes les modifications, depuis le plus *simple* jusqu'au plus *composé;* de même leurs Nervures offrent tous les degrés de complication.

Enfin , on ne trouve rien qui paroisse avoir quelque analogie avec la Feuille dans les Champignons.

Voilà donc l'abrégé de toutes les variations que présente la Lame des Feuilles. Considérons-la maintenant dans son Insertion d'abord *médiate ,* c'est-à-dire , par le moyen d'un Pétiole.

Du Pétiole.

37. Le Pétiole , comme nous l'avons dit , peut ne porter qu'une seule Feuille ; alors elle est *simple,* Il est ordinaire-

ment plane ou canaliculé en dessus , et convexe en dessous :
Il est long quand il est au moins de la dimension de la Lame,
comme dans le Tilleul et l'Hipocastane ; mais il est court
dans le cas contraire , comme dans l'Orme. Il est *linéaire* ,
c'est-à-dire à bords parallèles , dans le plus grand nombre ;
mais il est *ailé* , et a l'air lui-même d'une Feuille, dans l'O-
ranger ; dans le Citronier de Cambava , il est d'une telle dimension , qu'il semble qu'il y ait deux Feuilles l'une sur
l'autre. Dans le Peuplier, il est comprimé ; de là vient la
mobilité de ses Feuilles. Il est renflé et creux dans la Macre
ou *Trapa* ; par une dilatation et une soudure singulière , il
forme un Utricule dans le *Saracéna*.

Dans les LILIACÉES et autres Monocotylédones, le Pétiole
est composé d'une Gaîne qui enveloppe étroitement la Tige
ou les autres Feuilles. Dans les Palmiers , cette Gaîne se dé-
chire dans quelques espèces, pour faire place aux autres
Feuilles. Dans les GRAMINÉES , la gaîne est fendue d'un
bout à l'autre.

Le Pétiole part ordinairement d'une extrémité de la Lame,
et il se prolonge dans son plan ; mais quelquefois donnant
naissance à des Nervures disposées en rayon , il en résulte
une feuille qui présente un Disque qu'on a comparé à un
Bouclier ; de là le nom de *pelté* ; tels sont la Capucine et le
Ricin. Ce Disque où la Lame étant enfoncée à son milieu ,
présente la forme d'un Entonnoir dans le Cotylier ou *Umbilicus Veneris*, et l'*Hydrocotyle*, ou Ecuelle d'eau.

FEUILLES COMPOSÉES.

38. Le Pétiole devient l'origine d'une Feuille *composée*, lorsqu'il porte plusieurs Lames distinctes. On lui donne le nom
de RACHIS et celui de FOLIOLES aux Lames : chacune d'elles
peut être considérée comme si elle étoit *simple* ; mais cependant elle tire de sa position quelques modifications. Jugeons
d'abord le degré de Composition qu'elle peut avoir.

Nous avons fait voir que les différentes Formes que pre-
noient les Feuilles simples provenoient de leur Nervure. On
peut supposer aux différens modes de Composition la même
origine, et l'on n'auroit pas de peine à trouver des nuances
entre les Feuilles *lobées* ou *pinnatifides* , et celles qui sont décidément *composées* : de-là viennent les Feuilles *digitées*, quand
elles partent du même point, ou les Feuilles *ailées*, quand

elles partent successivement de plusieurs points. Les Nombres *pairs* sont aussi rares dans les Feuilles *composées* que dans les *simples*. Ainsi, le degré de composition le plus simple, le *binaire*, ne se trouve que dans quelques Gesses et des Arbres étrangers, comme les *Hymenea*, les *Bauhinia* et le *Zygophyllum*.

Le nombre trois est très-commun, mais il se rencontre plus fréquemment dans les Plantes *herbacées* que dans les *frutescentes* : les Trefles, dans les unes, et le Cytise, dans les autres, en sont des exemples. On peut regarder ce nombre comme provenant de deux causes : il appartiendroit, par la première, aux Nervures *digitées*; alors elles partent du même point, comme dans le Trefle : ou bien elle viendroit de Nervures *latérales*; alors les Folioles latérales sont écartées de la terminale, ce qui arrive à la Luzerne. Ces Feuilles sont *trifoliées*.

Le nombre quatre n'appartient qu'aux Nervures latérales; c'est un commencement de Feuilles *ailées*, comme l'Arachide.

Le nombre cinq fournit donc la première Feuille *digitée* dont l'origine soit certaine ; de-là le nom de Quinte-Feuilles donné à une herbe assez commune; on les dit *Quinées*.

Le nombre sept se trouve dans l'Hipocastane, comme nous l'avons vu, et le plus grand nombre de ses Feuilles le présente; mais on trouve souvent sur les mêmes Scions des Feuilles à trois et cinq Folioles; plus rarement au-dessus, c'est-à-dire à neuf. Si quelquefois on y trouve des nombres pairs, comme six ou huit, on voit facilement que cela vient d'un avortement.

Le *Pavia*, arbre congénère de l'Hipocastane, n'a jamais que cinq Folioles.

Dans un cas très-rare, les Folioles partant en rayonnant du sommet du Pétiole, comme dans les Feuilles *peltées*, forment des Feuilles *radiées* dans le *Cavalam* ou *Sterculia*.

39. Les Feuilles *ailées* varient davantage dans leur nombre; elles ont de plus une autre cause de variation dans l'origine des folioles.

Dans les Feuilles simples, les Nervures latérales sortent presque toujours alternativement; aussi l'on trouve des Feuilles ailées distribuées de cette manière : dans ce cas, la principale Nervure de la dernière Feuille semble être la prolongation du Pétiole. D'autres fois se trouvant opposées, elles partent deux à deux et forment des Couples; dans ce cas elles ont deux manières de se terminer, ou par une Feuille *impaire*, ou bien par un Couple ; on les dit alors abruptement *ailées* ou *pinnées*.

40. Dans ce cas, il arrive souvent qu'il y a un Filet qui semble être le prolongement du Pétiole. Dans quelques Plantes ce Filet se prolonge beaucoup, et tend à se rouler en spirale autour des Plantes voisines ; c'est une *Vrille*. Quelquefois il s'en trouve d'autres latérales qui occupent la place de Folioles; en sorte qu'on peut les regarder comme étant une de leur transformation. Les Pois et autres plantes Légumineuses en fournissent des exemples remarquables.

41. La Composition des Feuilles se complique d'une manière remarquable: c'est lorsque les Folioles deviennent elles-mêmes de nouveaux Pétioles.

Elles sont *triternées*, ce qui est le cas le plus simple dans l'*Epimedium*, le Pétiole général se divisant en trois *secondaires*, terminés chacun par trois Folioles.

Les feuilles *bipinnées* sont les plus communes ; c'est surtout dans les *Mimosas* ou Sensitives qu'elles se font remarquer. On trouve dans ce genre toutes les nuances de Composition que peuvent offrir les feuilles des plantes.

Quoique étrangères, elles sont connues assez généralement, parce que la manière dont elles se contractent au moindre attouchement frappe les personnes les plus indifférentes sur les Phénomènes de la Nature : on remarque en même temps la délicatesse de leurs Folioles, et l'agencement régulier qu'elles présentent; sur d'autres espèces on en trouve de beaucoup plus grandes.

42. Mais l'Ile-Bourbon en a offert une espèce si singulière, que le premier Voyageur qui l'aperçut la compara à un Saule. Effectivement elle a une longue Feuille blanchâtre et très-simple; mais elle a cela de remarquable, qu'elle présente sa Tranche au Scion, tandis que dans presque toutes les autres c'est le Plat qui lui est opposé ; lorsqu'elle est jeune elle n'a que des feuilles bipinnées, absolument semblables à celles de la Sensitive, seulement le Pétiole général est comprimé et un peu élargi verticalement. A mesure que la Plante avance en âge, ce Pétiole devient plus large et le nombre des Pétioles secondaires diminue : l'on en trouve qui n'en ont qu'un ou deux vers le sommet; alors ce Pétiole ressemble parfaitement aux prétendues Feuilles des Arbres adultes. Depuis, la Nouvelle-Hollande nous a enrichis d'un grand nombre d'espèces sur lesquelles ce phé-

nomène se présente de la manière la plus variée ; en sorte que ces Pétioles y deviennent des Feuilles acérées et piquantes comme des épines. C'est en général dans la famille des Légu- mineuses, dont les Mimeuses dépendent, que la Nature a paru se jouer dans la composition des Feuilles.

L'Utricule du *Saracéna* paroît être une combinaison de cette singularité avec celle du *Tapanava* et du *Trapa.*

43. Il est un autre groupe, ou Famille bien circons- crite, les Ombellifères, dans laquelle on trouve pareillement une grande variation dans la manière dont les feuilles sont *composées, décomposées,* et même *sur-décomposées.* Mais on pense maintenant, assez généralement, que quelque décou- pées que soient leurs feuilles, il faut les considérer comme si elles étoient *simples,* et l'on penche assez à croire qu'il n'y a de véritables feuilles *ailées* que dans les Plantes *ligneuses.*

La Famille des Légumineuses prouve le contraire, car elle renferme des Plantes *herbacées* et des *ligneuses,* telle- ment rapprochées qu'on ne peut les séparer, et sur lesquelles on trouve des Feuilles entièrement de même nature, tels sont le *Robinia* ou *faux-acacia,* et la *Réglisse.* Au surplus, de quelle manière qu'on dénomme la forme des feuilles des *Ombelli- fères,* elles présentent de grandes variations de figure, depuis la plus *simple* soit *peltée,* comme dans l'*Hydrocotyle,* soit *lancéolée,* comme dans le B*plèvre, jusqu'à la plus *décom- posée,* comme dans la Ciguë.

Une autre Famille encore plus nombreuse, celle des Com- posées, est aussi très-remarquable par la variation de ses feuilles. Ici, en général, elles paroissent visiblement plutôt *découpées* que *composées,* et elles sont *pinnatifides* d'une manière particulière dans le groupe des Lactucées. Enfin, au centre du Nouveau-Monde on a trouvé les *Mutisias,* qui ont des feuilles semblables à celles des Gesses, ayant des vrilles comme elles.

Les Palmiers ont une sorte de feuille bien caractérisée, qui passe facilement du *simple* au *composé.*

De la Foliole.

44. Le dernier terme des feuilles *composées* et *décomposées* est une Foliole ; elle est assez généralement conformée comme les Feuilles, étant partagée, comme elles, par une Ner- vure longitudinale ; et pour l'ordinaire celles qui sont sur le même Pétiole sont assez semblables entr'elles ; mais quel-

quefois, suivant leur position, la Nervure reçoit une inflexion qui met de l'inégalité dans les Lobes ; cela est très-remarquable dans les Haricots , car la Foliole du milieu est très-*régulière* , tandis que les deux latérales sont *irrégulières*.

Ces Folioles sont attachées médiatement par le moyen d'un Pétiole particulier, ou Pétiolule ; alors il est quelquefois renflé, et paroît comme *articulé*. Ce Renflement a été regardé comme le signe caractéristique des Feuilles *composées* , en sorte qu'on a regardé comme telles les Feuilles très-simples de quelques Légumineuses , comme celles du Gainier ou *Cercis* , et de quelques *Hedysarum* , entre autres de celui qu'on a surnommé *Vespertilio* ou Chauve-Souris , de la figure bizarre des deux Lobes de sa Feuille. Enfin, l'apparence d'Articulation très-prononcée dans les Feuilles d'Oranger les fait ranger maintenant parmi les *composées*.

D'autres fois ces Folioles sortent immédiatement du Pétiole , c'est le cas des *Ombellifères* dont nous avons parlé , et c'est une des raisons qu'on donne pour les écarter des feuilles composées.

45. C'est en général parmi cette sorte de Feuille que l'on trouve les exemples les plus remarquables de sensibilité. S'il n'y en a qu'un petit nombre qui, comme la *Sensitive* , obéissent au moindre contact , il en est beaucoup d'autres sur qui la lumière agit puissamment par sa présence ou son absence ; en sorte qu'elles se replient les unes sur les autres pendant la nuit , et s'ouvrent pendant le jour : c'est ce qu'on a nommé le sommeil des Plantes.

46. Les Pétioles *communs* et *partiels* présentent quelques singularités ; ainsi dans le Lentisque chacun des espaces qui séparent les couples de folioles se dilate vers le milieu et devient une espèce de feuille.

Dans quelques *Bignones* de Madagascar , le Pétiole paroît composé de Folioles ainsi mises bout à bout. Dans les uns il y a des Folioles latérales , mais elles disparoissent dans les autres. On a distingué ce cas très-rare par la dénomination de feuilles *lomentacées*.

Mais ce qui est encore plus rare, c'est de voir sortir de la Lame même de la feuille une seconde feuille, ou même un Rameau ; c'est ce qui a valu le nom d'Hipoglosse à une espèce de *Ruscus*. Nous prouverons ailleurs que cette prétendue feuille est une transformation de la totalité du Scion , et que c'est une Ramille.

INSERTION DE LA FEUILLE.

47. Ayant ainsi passé en revue les principales variations des feuilles, il faut les considérer en place, c'est-à-dire examiner leur INSERTION.

La feuille *simple* peut seule être appliquée immédiatement, c'est-à-dire sans Pétiole ; on la dit *Sessile* alors ; mais cependant il y a souvent un rétrécissement particulier à la base qui se dilate ensuite, pour embrasser une portion plus ou moins considérable du Scion qui lui donne naissance.

Ce point d'attache formant ainsi un tour complet, donne naissance à un Pétiole plus large que la Lame : c'est la Gaîne des Monocotylédones, dont nous avons parlé (art. 37). Ainsi dans la plupart des Liliacées et des Souchets on voit toutes les fibres du pourtour se réunir pour former une Lame *latérale*.

Dans les GRAMINÉES, la ligne de sortie des fibres non-seulement fait le tour complet de la Tige, mais de plus s'entre-croise. Il en résulte une Gaîne particulière, fendue du côté opposé à la Lame, mais se recouvrant de manière à envelopper étroitement cette Tige. Cette Gaîne est donc pour ces plantes une sorte de Pétiole particulier.

D'autres fois il semble qu'il y ait une telle sur-abondance de Fibres qu'elles se rabattent sur les côtés et déterminent des espèces d'*Ailes* attachées sur le Scion, et qui se prolongent assez loin en descendant ; c'est ce qui arrive aux Chardons : d'autres ailes qui hérissent leurs Tiges semblent encore en dépendre quoiqu'*isolées*. On nomme ces feuilles *décurrentes*.

Enfin, les fibres sortent en rayonnant de tout le pourtour du Scion : il en résulte une Feuille *orbiculaire* qui semble être enfilée par la tige ; tel est le Buplevre, qu'on nomme de-là Perce-Feuille.

Dans toutes ces Plantes *Monocotylédones*, qui ont des Nervures *simples*, la plus grande largeur de la Lame est à la base ; mais dans celles qui les ont *rameuses*, il s'y trouve un rétrécissement : par là elles deviennent *ovales* dans les Amomées et *sagittées* dans les Aroïdes. Leur Pétiole est de même en forme de Gaîne ; mais il est fendu comme dans les Graminées ; et comme il est épanoui dans le *Tapanava*, rapporté à tort au genre *Pothos*, il présente l'aspect de deux feuilles mises bout à bout, comme dans le Citronier cité plus haut. (art. 37).

48. D'autres fois il arrive qu'une partie seulement des fibres formant le tour complet entre dans le Pétiole, les autres se réunissent en une sorte de tube qui embrasse le Mérithalle jusqu'à une certaine hauteur. Cela a lieu dans les Polygonées et surtout dans le Platane. On trouve aussi une Gaîne complète dans les Ombellifères ; c'est ce qui a fait penser avec quelque fondement, que la feuille *perfoliée* du Buplevre n'étoit autre chose que l'avortement d'une feuille composée. On en trouve des deux sortes sur le *Smyrnium perfoliatum*. (Césalpin a eu le premier cette idée, ainsi que beaucoup d'autres qu'on a reproduites depuis comme nouvelles.)

Le Pétiole, soit *simple*, soit *composé*, présente à-peu-près les mêmes modes d'Insertion : en général, il forme un renflement particulier à son point de sortie, et il présente la partie plane ou concave au Scion, ce qui détermine pour l'ordinaire la position de la Lame, excepté dans l'Iris, où la Lame éprouvant une sorte de contraction latérale, présente son tranchant au Scion, comme dans les Pétioles des Minneuses dont nous avons parlé.

LES STIPULES.

49. Lorsqu'on observe le Tilleul au premier développement du Bourgeon, on voit que le Pétiole de sa feuille est accompagné à sa sortie de deux autres petites feuilles *sessiles* ; ce sont les STIPULES. Elles existent dans un grand nombre de Plantes, où elles prennent différentes formes ; mais elles manquent dans d'autres, comme dans l'Hipocastane.

En général, elles sont d'une forme très-simple, comme dans le Tilleul, étant *sessiles*, laissant à peine apercevoir des Nervures, et tombant de bonne heure ; quelquefois elles sont denticulées et hérissées de poils glanduleux ; c'est ce qui a lieu dans l'Abricotier et le *Grangeria*.

5o. D'autres fois les deux Stipules finissent par se réunir et former une Gaîne complète ; alors elle enveloppe étroitement tout le sommet du Scion, qui ne s'en dégage que successivement. C'est ce qui a lieu dans les Figuiers et les Magnoliers : alors elle ne diffère guère du Pétiole *tubulaire* des Polygonées dont nous venons de parler.

Quelquefois les Stipules prennent entièrement l'apparence des feuilles ; c'est ce qui a lieu dans le Lotier.

Enfin, elles remplacent la feuille elle-même dans la Gesse Aphaque, à qui l'on seroit tenté d'attribuer des feuilles opposées, si l'on n'apercevoit entre deux une Vrille, seul reste de la feuille primordiale. (*Voy.* art. 80.·)

Enfin, on trouve des Stipules à la base des Folioles dans quelques Plantes, comme les Haricots; on leur a donné le Nom de STIPELLULE.

LE BOURGEON.

51. Le BOURGEON se trouve immédiatement au-dessus de l'Insertion de la feuille, dans le plus grand nombre des Plantes ligneuses de notre pays.

Nous allons seulement examiner ici sa Position. Il n'y en a qu'un ordinairement; mais il s'en trouve deux l'un au-dessus de l'autre dans le Chèvrefeuille et le Sureau; trois côte à côte dans le Pêcher, un plus grand nombre dans l'Abricotier. On a peine à l'apercevoir dans le *Robinia* ou faux Acacia, le *Saphora* et le *Gleditsia Triacanthos*, parce qu'il est caché par la base même du Pétiole. Il est très-visible dans le Citise des Alpes, le *Gleditsia macracantha*, quoique de la même famille. Dans le Platane on ne peut le découvrir qu'en enlevant la feuille, parce qu'il est logé dans sa base même. Il est écarté de l'aisselle dans le Noyer.

52. Souvent à la place du Bourgeon on aperçoit un Scion ou jeune branche. Cela a lieu dans quelques Arbres, tels que le Pêcher et l'Amandier. On voit que c'est une anticipation du Bourgeon. Dans l'Abricotier et le Chêne c'est le Bourgeon terminal qui se développe ainsi.

Nous distinguerons par le nom de RAMILLES les Scions ainsi surchargés d'une ou deux générations de nouveaux Scions anticipés. Cela arrive plus fréquemment dans les Arbres des pays chauds. Mais cela a lieu presque habituellement dans les HERBES; ensorte qu'elles sont rameuses dès leur origine, et l'on peut y voir dans l'espace de quelques mois plusieurs générations de Bourgeons anticipés.

Chacun d'eux devient un nouveau Scion absolument semblable aux autres; il n'en diffère que par son origine prématurée.

53. Les Graminées, comme le Blé, ont toutes des Bourgeons; mais comme ils sont cachés par la Gaîne pétiolaire, on y fait peu d'attention: ceux qui occupent le bas de la Plante partent tout de suite, c'est ce qui cause ce qu'on nomme le TALLEMENT dans les *Céréales*.

On n'en trouve point de trace sur le plus grand nombre des

Liliacées ; ils sont très-manifestes sur plusieurs autres, comme le *Tradescantia*, ou Ephémère **:** leur forme est singulière dans le Lys-Oranger : on les a nommés *Bulbilles*.

LE SCION.

54. Le Scion n'est autre chose que la réunion d'un certain nombre de Feuilles, et par conséquent de leurs Bourgeons.

Ainsi une sen¹e Feuille ne peut former un Scion ; mais il est très-rare de voir une Plante, pour ainsi dire, réduite à son dernier terme. L'Ophioglose en est un exemple.

Il en faut donc au moins deux; alors il existe un rapport dans leur POSITION et leur ÉCARTEMENT. Ce cas très-rare a fait donner le nom de *Double-Feuille* à une espèce d'Ophrys.

Il en résulte donc une Elongation pour la Plante ; mais d'un côté elle se trouve arrêtée ou terminée dans l'espace, et de l'autre il existe un point d'où elle prend naissance. De là il suit que nous avons trois choses à considérer dans le Scion : sa COMPOSITION, sa TERMINAISON, et son INSERTION.

COMPOSITION DU SCION.

55. L'Hipocastane et le Tilleul nous ont présenté le type de deux modes principaux du rapport que les Feuilles peuvent avoir entre elles dans leur situation. Dans le premier on peut les dire *associées*, et dans le second *isolées*.

Position des Feuilles.

Dans les *associées* elles partent deux à deux, c'est-à-dire que, si l'on suppose que le Scion forme réellement un cylindre vertical, et qu'il soit coupé horisontalement au point de la sortie des Feuilles, on verra que celles-ci se trouvent placées sur la circonférence du cercle qui en résulte, aux deux extrémités d'un diamètre, et que leur Pétiole et leur Nervure principale continuent en dehors sa direction.

A présent on conçoit facilement qu'il peut partir d'autres Feuilles de tous les points de cette circonférence ; c'est ce qui arrive réellement: de-là les Feuilles *Verticillées*.

On pourroit penser que l'on trouveroit tous les nombres employés ; mais dans la réalité ils se trouvent réduits à un petit nombre de cas, et toujours ils se partagent assez régulièrement la Circonférence, de manière à ce que leurs Nervures principales soient des Rayons appartenans à des Polygones *réguliers*.

56. En général, les Feuilles *Verticillées* sont beaucoup moins communes que celles qui sont *opposées* simplement. On peut les considérer comme une de leurs modifications ; alors en comparant leur ensemble avec celles qui sont seules à seules , ou *isolées* comme dans le Tilleul , on voit que ces dernières sont les plus nombreuses ; ce qui ne paroîtra pas étonnant quand on saura que des trois grandes divisions du règne végétal où l'on trouve de véritables Feuilles, les Acotylédonées, les Monocotylédonées et les Dicotylédonées , les dernières sont les seules qui présentent des feuilles *opposées* , à un très-petit nombre d'exceptions près.

57. Il est vrai que c'est de beaucoup la plus nombreuse, mais certainement les *Alternes* y dominent. Si l'on considère les groupes bien circonscrits , ou les Familles *naturelles* , on n'en trouvera qu'un petit nombre , à peine le dixième , qui conserve sans mélange l'une de ces deux insertions ; les autres se trouvent partagées plus ou moins inégalement entre les deux , et les exemples ne sont pas rares de Plantes qui les présentent réunies ; c'est plus commun dans les Herbes que dans les Arbres : le *Broussonetia* ou *Mûrier à papier* est dans ce cas. Dans un petit nombre de Plantes , les Solanées entre autres , il part quelquefois deux Feuilles du même côté.

Feuilles associées.

58. A cela près , ce qui caractérise les feuilles opposées, c'est, comme leur nom l'indique, de partir de deux points de la circonférence du Scion , diamétralement opposés. Le couple qui se trouve immédiatement au-dessus ou au-dessous de lui, part dans le sens opposé ; c'est-à-dire , qu'il occupe l'extrémité d'un diamètre qui le coupe à angle droit ; en sorte que sur le Scion toutes les feuilles se trouvent disposées sur quatre rangs : il arrive de-là que lorsque sa Direction est bien verticale, lorsqu'on le considère du sommet à vue d'oiseau, il forme une croix régulière.

Mais à mesure que les Scions s'inclinent à l'horizon, ce qui arrive à tous ceux qui partent latéralement, la Lame obéissant à une loi générale, qui veut que leur surface supérieure soit tournée vers le Zénith, elles éprouvent une torsion dans leur Pétiole, qui dérange leur situation naturelle , au point que lorsque le Scion devient horizontal , les feuilles se trouvent sur deux rangs ou *distiques*. Cela se remarque surtout dans le Caféyer et le *Symphoricarpos*.

59. Les feuilles *opposées* peuvent, comme les *isolées*, être *pétiolées* ou *sessiles*; dans ce dernier cas, les deux bords inférieurs deviennent *contigus*, quelquefois même ils se fondent; alors les deux Lames semblent ne former qu'une seule feuille *perfoliée* (*Voy*. art. 49), comme dans le Chèvre-feuille et la Chlore; alors on les dit *connées*.

Feuilles Verticillées.

60. Les VERTICILLES ne diffèrent du Couple que par le nombre des Rayons, aussi sont-ils distribués de même, c'est-à-dire, que le Verticille supérieur se trouve placé de manière que les Feuilles qui le composent, répondent juste aux intervalles que laissent celles de l'étage inférieur. Etant ainsi placées alternativement sur tous les étages, il arrive que le nombre des rangs de Feuilles est toujours double de celui du Verticille.

Le nombre trois se trouve dans le *Nerium* ou Laurier-Rose et quelques Bruyères; ainsi elles sont *ternées*.

Le nombre quatre se présente d'une manière très-remarquable dans la Parisète, où il compose toute la Plante.

Il y a un groupe de Plantes assez répandues dans nos campagnes, qui présente réunis, soit dans les différentes Espèces, soit sur les mêmes Individus, des exemples de tous les nombres dont les Verticilles sont susceptibles : ce sont les RUBIACÉES, qui, de là, prennent le nom d'Etoilées; elles se distinguent par là des Plantes de cette famille qui habitent les pays chauds, et qui sont presque toutes à feuilles simplement opposées; mais elles ont quelque chose de remarquable, c'est que, quel que soit le nombre de feuilles de leurs Verticilles, il ne s'y trouve jamais que deux Bourgeons opposés; tandis que, suivant la règle générale, il devroit s'en trouver autant que de feuilles. Nous découvrirons par la Dissection l'origine de cette Anomalie apparente.

L'observation de cette famille fait voir que les nombres dans les Verticilles ne sont pas constants, ils passent facilement les uns dans les autres; c'est par une espèce de jeu de la nature : il a lieu même dans les feuilles opposées. Ainsi dans les Frênes, les Erables, les Sureaux, on trouve des Individus dont les feuilles sont distribuées trois à trois; et dans la Lysimachie, belle Plante aquatique, les feuilles sont distribuées depuis deux jusqu'à cinq. La Salicaire, autre Plante aquatique, est à-peu-près dans le même cas, et, de plus, elle porte des Feuilles alternes.

Feuilles isolées.

61. Les Feuilles isolées partent donc alternativement des deux côtés du Scion dans le Tilleul. Ce mode a lieu dans un assez grand nombre d'Arbres, comme l'Orme, le *Celtis* ou Micocoulier, les Annones : on les dit *distiques*.

La Vigne présente la même disposition ; mais à l'opposé du plus grand nombre des Feuilles, on trouve un Filament particulier, plus ou moins ramifié, qui tend à s'accrocher à tous les corps qui sont dans son voisinage. C'est donc une Vrille analogue à celle que l'on observe dans quelques Feuilles *composées*.

Les Graminées, surtout les Roseaux, ont leurs Feuilles rangées de cette manière.

62. Dans beaucoup d'autres Arbres, et Plantes *herbacées*, les Feuilles, quoique *isolées*, sont distribuées différemment ; elles paroissent souvent jetées au hasard ; mais si l'on part de l'une d'elles, et qu'on examine successivement la place des autres, soit en montant, soit en descendant, on aperçoit que, s'écartant latéralement, elles tendent à tourner autour du Scion, si bien qu'au bout d'un nombre constant il en revient une perpendiculairement au-dessus ou au-dessous du point de départ. Si l'on fait passer un fil par la base de tous les Pétioles, on voit qu'il forme un Hélice dont chaque tour est composé des mêmes nombres de Feuilles.

Si l'on examine ainsi un Bouleau ou bien un Aune, on verra que la quatrième Feuille se trouve précisément au-dessus du point de départ, en sorte que l'Hélice est composé de trois Feuilles. Il en est de même des Orangers.

Je ne connois pas encore d'exemple du nombre quatre, tandis qu'au contraire celui de cinq est très-commun ; on peut donc le regarder comme le plus général. Mais j'ai toujours vu cette Spirale *double* et jamais *simple*, c'est-à-dire que le fil qu'on feroit passer par la base des Pétioles n'arriveroit qu'au second tour au sixième, placé immédiatement au-dessus du premier. Cela a lieu dans le Chêne, le Poirier, etc. ; en général dans tous les Arbres fruitiers, soit à Noyau, soit à Pepin.

On sent que cette disposition est d'autant plus difficile à observer, que les feuilles sont plus nombreuses ou plus rapprochées. C'est ainsi qu'elles se trouvent dans les Pins et autres Arbres qui forment la famille très-circonscrite des Co-

NIFÈRES ; mais avec un peu d'attention on trouve qu'elles forment de trois à cinq rangs d'Hélice qui gardent entre eux toujours un ordre très-régulier.

Écartement des Feuilles.

63. Le Scion est donc composé d'autant d'intervalles qu'il y a de feuilles ou d'associations de feuilles. Ainsi sa longueur est en raison de leur NOMBRE et de leur ÉCARTEMENT. Le nombre paroît indéterminé : il dépend de causes extérieures ; ainsi on le voit varier sur les mêmes espèces, suivant les circonstances. Sont-elles, par exemple, dans un terrein qui leur soit favorable, le Scion présente un grand nombre de feuilles développées : le contraire a lieu quand il est aride.

Mais ce nombre est relatif à la Dimension même des feuilles : ainsi les plus petites sont beaucoup plus nombreuses que les plus grandes ; les Bruyères en sont un exemple remarquable.

L'Écartement suit à-peu-près les mêmes lois ; il est toujours en rapport avec les Dimensions mêmes de la feuille ; car le terme moyen est à-peu-près égal à la longueur de la feuille. Cela a presque toujours lieu dans les feuilles *Associées ;* mais dans les *Isolées*, l'Écartement se réduit tellement, qu'elles deviennent presque contiguës, au point qu'elles ne forment plus que des Rosettes plus ou moins garnies : nous les désignerons par le nom de COURSION ; cela a lieu soit dans les Arbres, soit dans les Herbes.

LE COURSION.

64. En observant attentivement soit un Poirier, soit un Pommier, on s'aperçoit qu'ils portent deux sortes de Scions : les uns sont allongés et ont leurs feuilles disposées en Hélice de cinq Feuilles ; les autres sont tellement raccourcis, que leurs feuilles paroissant sortir du même point, forment une Rosette. C'est un COURSION.

Cela a lieu dans d'autres Arbres à feuilles larges ; on le retrouve ensuite dans quelques Conifères, entre autres dans le Cèdre et le Mélèze. Leur considération mène à découvrir l'origine d'une singularité des Pins ; les uns, comme le Pin *cultivé* et le *Sylvestre*, ont deux feuilles partant du même point, tandis que le Pin du lord Weymouth porte un faisceau composé de plusieurs feuilles.

On voit que ces faisceaux sont des Bourgeons anticipés qui

se développent tout de suite ; mais la feuille d'où ils partent se trouve réduite à une simple Écaille. Comme ces Pousses n'ont plus de Bourgeon, elles tombent au bout d'un certain laps de temps sans postérité. Il ne se trouve de Bourgeons que vers le sommet du Scion, et ils sont disposés autour du *terminal*, groupés en verticille de cinq; ce qui provient de ce qu'il y a cinq rangs de spirales.

65. Dans les Arbres, les Rosettes sont toujours accompagnées de Scions allongés. Il n'en est pas de même des Herbes, car il en est beaucoup qui se trouvent réduites à une seule Rosette, qui se trouve étalée sur la superficie du sol.

Elles sont remarquables dans les Plantains, dans les *Verbascum* ou Molènes, dans les Laitues et toutes les Plantes de la même famille. Dans le Chou, elle forme une Pomme serrée, mais portée par une Tige.

66. Dans les Monocotylédones, les Rosettes sont souvent très-remarquables; elles y composent aussi toute la Plante; elles sont souvent composées d'un grand nombre de feuilles pressées entre elles. La plupart semblent avoir leur origine dans le sein même de la terre, comme les Oignons; les autres partent de la superficie, comme les Aloès; enfin, il s'en trouve d'autres qui sont portées sur une Tige *simple* ou plus rarement *rameuse*.

Les Palmiers, enfin, peuvent être considérés comme composés d'une seule Rosette ou Coursion gigantesque.

On voit que, dans les Rosettes, la longueur du Scion se trouve extrêmement réduite ; mais, à cela près, il suit les mêmes lois dans sa composition que dans les feuilles *isolées*, excepté seulement que ces feuilles n'ont pas, pour l'ordinaire de Bourgeon apparent à leur Aisselle.

Ainsi, le Coursion est d'autant plus long, qu'il est composé d'un plus grand nombre de feuilles ; par la même cause, son diamètre devient d'autant plus grand à sa base qu'à son sommet.

LE MÉRITHALLE (*ou Entre-Feuille*).

67. L'Ecartement des feuilles ou des Associations est donc une partie intégrante du Scion ; c'est pour ainsi dire la partie fondamentale de la Plante, car c'est elle qui détermine son accroissement en longueur. Il demande à être distingué par un nom particulier ; en attendant mieux, nous nous ser-

virons de celui de MÉRITHALLE, composé de Μερις, *pars,* partie ou portion, et de Θαλλος, *Surculus,* Scion.

Le Mérithalle est donc, pour la forme générale de la Plante, ce que le Pétiole est pour la Feuille; et il détermine son *Association* ou son *Isolement,* comme celui-ci en détermine la Composition ou la Simplicité.

Nous allons d'abord considérer le Merithalle dans les feuilles *associées,* et nous verrons que la plupart des Modifications dont il est susceptible se retrouvent dans les Feuilles *isolées,* que nous examinerons ensuite.

Mérithalle associé.

68. Le Mérithalle doit être considéré dans ses Dimensions en Longueur et en Diamètre, sa Circonscription, ou sa Forme, et sa Couleur.

Sa Longueur en général a rapport à celle des Feuilles : on peut regarder comme le terme moyen leur Longueur même. Ainsi il est long, quand il dépasse cette Dimension, et court, dans le cas contraire. Ainsi, comme nous l'avons dit, il varie suivant les Espèces, à raison de la grandeur des Feuilles. Sur le même Scion, sa Longueur est moyenne vers le milieu. Il est plus court vers le bas et vers le Sommet.

Son Diamètre ou son Épaisseur en général est encore en rapport avec le Volume des Feuilles. Dans le particulier, celui de la Base est plus gros que celui du Sommet, et la différence des deux Diamètres est toujours en raison du Nombre des Feuilles ou des Associations qui les séparent.

69. La Circonscription paroît circulaire dans le plus grand Nombre, comme dans le Frêne, l'Hipocastane; et comme chaque Mérithalle paroît de même diamètre dans toute sa Longueur, il forme un cylindre.

Elle est carrée dans un assez grand Nombre de Plantes à feuilles opposées, et leurs angles sont très-vifs; alors les Mérithalles forment des prismes quadrilatères réguliers. Cette forme est très-remarquable dans la famille des Labiées.

La même forme a lieu dans les Etoilées ou Rubiacées, quel que soit le nombre des feuilles qui composent le Verticille; cependant quelquefois elle est hexagone, mais alors on aperçoit trois Bourgeons au lieu de deux, en sorte que c'est dans le cas des Feuilles opposées qui deviennent verticillées.

Elle est triangulaire sous les Verticilles ternés, comme dans le *Nerium;* mais le Mérithalle supérieur oppose ses angles au côté de l'inférieur, ce qui correspond à la disposition des Feuilles.

En général, la Circonscription tend à s'arrondir, en raison de l'épaisseur du Mérithalle. Ainsi, dans les Érables, les Mérithalles supérieurs sont des prismes hexagones, et ils ont des cylindres en bas.

Cela est plus marqué dans les Scions, dont la pousse est prolongée indéfiniment, dans le Sureau surtout. Ainsi, le Mérithalle est cylindrique dans le bas; il est prismatique octogone vers le milieu, et quadrilatère vers le sommet.

70. La Couleur du Mérithalle est, au moment de sa formation, *verte* comme celle des Feuilles, et l'on y remarque des points blanchâtres disséminés d'une manière assez remarquable; ce sont les Pores corticaux.

Mais à mesure qu'il veillit, cette couleur fait place aux autres, en sorte que dans un Scion non terminé, souvent les Mérithalles supérieurs sont verts et succulens, tandis que dans le bas ils sont gris ou *fauves*, et leur superficie est sèche; ils dépendent l'un de l'autre et paroissent entièrement de même nature.

Mérithalle isolé.

71. Comme nous l'avons dit, le Mérithalle, dans les Feuilles *isolées*, présente à-peu-près les mêmes variations que dans les *associées*; ainsi, sa Circonscription est cylindrique dans le Tilleul, mais elle est souvent polygonique : alors le Mérithalle est un prisme ; mais pour l'ordinaire les Angles sont mousses, et par conséquent peu faciles à distinguer. Leu s arêtes se prolongent dans toute la longueur du Scion ; en cela ils diffèrent des feuilles *associées* dans lesquelles les arêtes se trouvent alternativement opposées aux côtés. Comme dans les feuilles associées, il arrive que les arêtes sont très-prononcées dans les Mérithalles supérieurs, et qu'elles disparoissent en approchant de la base, en sorte qu'ils deviennent cylindriques.

Le Mérithalle est obtusément trigone dans l'Aune et dans l'Oranger. Il est pentagone à arête très-vive dans les Peupliers. Mais les Angles sont plus arrondis dans le Chêne.

Anomalie.

72. Il est donc de la Nature du Scion de former par la Série de ses Mérithalles une Pyramide ou un Cône tronqués, dont la longueur surpasse de beaucoup le diamètre ; mais il peut

tellement se déformer, qu'on ait peine à le reconnoître ; tel est celui de l'*Opuntia*. Il prend l'apparence d'une feuille, épaisse à la vérité, mais plane, ovale et rétrécie à sa base. Si on l'observe dès son origine, on voit qu'elle porte de véritables feuilles épaisses, coniques, éparses sur toute la surface, et semblables à celles du *Sedum* ; mais elles ne tardent pas à tomber, et il ne reste à leur place qu'une étoile de poils roides et piquans.

Par l'examen de cette singularité on peut remonter à la source de toutes les bizarreries que présentent tous les *Cactus* ou Cierges qui sont congénères de l'*Opuntia*.

Terminaison du Scion.

73. Nous considérons la Végétation comme fixée, quoique elle semble toujours entraînée par un mouvement général. De fait, vers le milieu de l'été on trouve un grand nombre de Scions arrêtés.

Dans l'Hipocastane c'est par un Bourgeon terminal, ordinairement plus renflé que les Axillaires. Il en est de même dans les Frênes et les Érables. Dans ces Arbres on voit les Feuilles diminuer dans leurs Dimensions, en approchant du sommet ; elles se rapprochent aussi les unes des autres. Le Pétiole s'élargit insensiblement ; il se raccourcit ; enfin on lui voit prendre la forme d'une Écaille.

Dans la Viorne, *Viburnum Lantana*, le Scion se trouve arrêté par deux feuilles plissées et appliquées l'une contre l'autre.

Dans le Lilas, le Scion paroît coupé abruptement immédiatement au-dessus de deux Feuilles ; chacune d'elles a son Bourgeon, ce sont eux qui la terminent : pareille chose a lieu dans les *Staphylœas* ; cela arrive aussi au Sureau ; mais plus ordinairement il se prolonge indéfiniment, jusqu'à ce qu'il soit arrêté par les premiers froids ; en sorte qu'il présente toujours en même temps les feuilles et leur écartement dans tous les degrés de développement.

74. Il se trouve aussi arrêté d'une manière analogue dans les feuilles *isolées*. Ainsi, dans le Chêne, il est terminé par un Bourgeon particulier indépendant des feuilles. Dans l'Aune ce sont des feuilles plissées, mais enveloppées dans leurs Stipules. Il en est de même dans le Tulipier.

Dans le Tilleul, le Scion paroît terminé abruptement par le Bourgeon même de la dernière feuille. Enfin, dans le

Robinia ou Faux-Acacia, il se prolonge indéfiniment jusqu'à l'arrivée des premiers froids.

75. D'autres fois il arrive que les feuilles qui composent le Scion décroissant rapidement de la base au sommet, leurs Mérithalles deviennent de même de plus en plus minces, en sorte que le dernier n'est plus qu'une pointe acérée ; de là les Epines qu'on remarque sur l'Aubépine, les Pruniers et les Poiriers sauvages, etc. Dans ces mêmes Plantes, les Bourgeons se développant tout de suite, deviennent également des Epines. Elles sont donc ce que je nomme Ramilles, et dont il sera question art. 89.

Dans une espèce de *Gleditsia*, où il se trouve souvent trois Bourgeons l'un sur l'autre, le supérieur s'allonge tout de suite et devient une Epine à trois Branches très-acérées ; de là le nom de *triacanthos* qu'on lui a donné.

Cette Epine est beaucoup plus considérable dans une autre Espèce du même genre, qu'on a nommée de là *macracantha* ; mais souvent, sous les ramifications, il se trouve des feuilles développées qui rendent témoignage de leur origine.

Le Mérithalle, la feuille et le Bourgeon sont donc les parties constituantes du Scion. Les deux premiers dépendent l'un de l'autre ; ils paroissent entièrement de même nature : tous les deux sont, au moment de leur apparition, de la même Couleur *verte*, et paroissent être de même substance.

ACCESSOIRES.

76. Aussi sont-ils également susceptibles de se revêtir de quelques ACCESSOIRES qui influent beaucoup sur leur aspect : les uns ne paroissent pas adhérens, c'est une Farine ou Pulvérescence ; les autres sont continus avec la surface, ce sont les Poils, les Glandes, les Aiguillons, les Boursouflures, les Épines.

PULVÉRESCENCE.

77. LA PULVÉRESCENCE consiste dans une sorte de farine répandue sur toute la surface ; elle paroît être une exsudation de la Plante : quelquefois les Grains qui la composent sont d'une ténuité extrême ; d'autres fois ils sont assez gros pour affecter désagréablement le toucher, comme dans quelques *Chenopodium* ou Anserines. Ils paroissent blancs par transparence dans le plus grand nombre, mais ils prennent une couleur pourpre fort agréable dans le *Chenopodium purpureum*, et dans une Liane de Madagascar ; c'est une espèce de

Pæderia. Cette poussière résiste à la pluie, qui glisse dessus, mais elle s'enlève facilement par le frottement.

PUBESCENCE ou des POILS.

78. Les POILS sont continus avec la superficie des feuilles et des Mérithalles, ils forment ce qu'on nomme la PUBESCENCE; c'est un Accessoire qui paroît peu important en lui-même, car on voit souvent les mêmes Espèces s'en couvrir plus ou moins abondamment, suivant les lieux qu'elles habitent. Cependant ils contribuent beaucoup à l'effet que produisent sur nous les Plantes à leur première vue: c'est surtout en modifiant la couleur *verte*, car elle est plus ou moins intense, suivant leur absence ou leur présence; dans le premier cas les Plantes étant *Glabres*, leur couleur primitive est dans toute sa pureté, au lieu qu'elle s'affaiblit dans les autres à mesure que l'abondance des Poils les rend plus ou moins *velues*, et elle finit par faire place à un blanc pur ayant l'éclat métallique, ce qui a fait donner le surnom d'*Argenté* à plusieurs Plantes, comme les Gnaphales, les Protées, etc.; plus rarement les Poils donnent une couleur *dorée*.

C'est aussi par les Poils que les Plantes affectent plus ou moins agréablement le sens du Toucher, en passant du *scabre* au *tomenteux*, suivant qu'ils sont *roides* ou *souples*. Ainsi la main est flattée aussi agréablement par le contact de la Guimauve que par celui du velours; tandis qu'elle est repoussée par l'âpreté de la Bourrache et autres Plantes voisines; de là le nom d'*Asperifoliæ*, que les premiers Botanistes modernes ont donné au groupe très-bien circonscrit qu'elles forment.

On compare leur ensemble à la Soie ou au Coton. Il en est qui, comme dans l'Ortie, causent par leur Piqûre une sensation douloureuse qui se maintient assez long-temps : on en trouve de pareilles sur d'autres Plantes, comme les Malpighiers, les *Tragia*, etc. Cette sensation provient d'un Suc âcre introduit dans la plaie, plutôt que de la Piqûre même.

En examinant les Poils avec attention, on voit qu'ils présentent de grandes Variations. D'abord par leur forme: elle est très-simple dans le plus grand nombre, car c'est un fil qui se termine en pointe; mais d'autres sont noueux, et semblent composés de globules contigüs, imitant un Chapelet. Ensuite, par leur Composition : plusieurs se trouvent groupés ensemble, et partent du même point. Il y en a deux opposés et couchés sur la Lame, dans le Malpighiers ; ou portés sur une Pédoncule ; ils ressemblent à une enclume dans le Houblon : d'autres fois, partant plusieurs ensemble en rayonnant, ils forment des Etoiles plus ou moins garnies , dans les Crucifères , les Malvacées , les Hélianthêmes, etc. ; d'autres fois le Poil se ramifiant plus ou moins, prend la forme d'un Goupillon, dans les Molênes ou *Verbascum*, ou d'un Pinceau dans le Croton *pénicillé.* Enfin , leur forme est si variée , que par leur seule inspection on pourroit reconnoître beaucoup de Plantes.

Quelquefois ils partent du sommet d'un Mamelon comme dans les Boraginées ; d'autres fois ils sont renflés à leur extrémité. On les dit alors *capités* : ordinairement, dans ce cas, on y remarque un point d'où sort une humeur plus ou moins visqueuse. C'est un PORE ; tels sont ceux qui terminent les dentelures des feuilles ; mais surtout ceux qui revêtent la superficie de celles des Rossolis et du *Dionœa.*

Les Poils se font quelquefois remarquer par la place qu'ils occupent ; ainsi on les trouve formant deux lignes opposées sur les Mérithalles d'une feuille à l'autre , dans la Véronique *chamœdrys* ; d'autres fois ils sont implantés sur le bord même de la Lame, et se prolongent dans son plan , imitant en cela les Cils des paupières : de là on les nomme *Ciliés ,* comme dans la Joubarbe des toits.

Les Poils prenant plus de consistance et de roideur, et s'aiguisant donc, finissent par faire sentir vivement leurs Piqures. Ils passent par des nuances insensibles, et deviennent alors des Aiguillons ou des Épines.

LES AIGUILLONS.

79. Les AIGUILLONS sont des Expansions qui partent quelquefois du Disque même de la feuille, comme dans quelques Solanums ; plus souvent ils se trouvent sur le Mérithalle ; ceux du Rosier et de la Ronce sont les plus remarquables , on voit facilement par leur moyen qu'ils ne sont que superficiels ; cédant au moindre effort, on aperçoit qu'ils ne pénètrent pas dans l'intérieur. Les Aiguillons sont très-acérés et recourbés en dessous dans quelques *Salsepareilles ;* de là on les a nommés *Crocs de Chien* dans nos Colonies, où ils causent beaucoup d'embarras à ceux qui veulent pénétrer dans les forêts. On en trouve de singuliers sur les troncs des Fromagers ou *Bombax*, du *Hura* ou Sablier, et de l'*Aralia spinosa.*

On peut rapporter aux Aiguillons les Dentelures acérées

qui se trouvent sur le bord ou la Nervure principale des feuilles de quelques Monocotylédones, comme les Agavés, les Ananas et les Vaquois, où elles sont très-visibles; mais quoique moins apparentes dans les Graminées et les Cypéracées, elles se font sentir en coupant comme un tranchant d'acier la main de ceux qui les manient sans précaution.

Boursouflure de l'Écorce.

80. On voit par leur origine que les Aiguillons ressemblent aux Boursouflures qu'on aperçoit sur les Mérithalles inférieurs de quelques variétés d'Orme et d'Érable *champêtre*. On pense assez généralement qu'elles ne paroissent que sur les Branches âgées; mais une simple inspection peut convaincre qu'elles se trouvent dès la première année sur les Mérithalles inférieurs; elles s'accroissent par la suite; leur croissance est analogue à celle du Liége. On remarque sur quelques autres des Vésicules transparentes: elles sont si considérables dans une espèce de Mésembryanthême, qu'on les prend pour des glaçons; de là le nom de Glaciale qu'on lui a donné.

Les Épines.

81. Les Épines se confondent ordinairement avec les Aiguillons, parce qu'elles font sentir également leur pointe acérée; mais elles en diffèrent, parce qu'elles sont liées plus intimément avec les parties d'où elles sortent; elles varient autant dans leur origine que ces parties elles-mêmes.

Ainsi, c'est l'extrémité même de la Feuille dans le *Ruscus* ou le Houx-frélon; celle de toutes les découpures dans le Houx ou *Aquifolium* : il en est de même dans les Chardons. De plus, les Ailes foliacées qui partent du Mérithalle de ces Plantes sont également hérissées d'Épines. Elles sortent pareillement du bord des feuilles dans les *Agavés*.

Mais nous venons de rapporter ces mêmes productions aux Aiguillons, dans le fait il est difficile de les distinguer nettement des Épines.

Quelquefois toute la Lame de la Feuille disparoît; alors les Nervures persistant seules, deviennent des Épines acérées, comme dans le *Berberis* ou Épine vinette, et le Groseiller épineux.

Les Stipules deviennent aussi des Épines dans les Orangers et le *Robinia* ou faux-Acacia.

Dans le Caragan, ce sont les deux premières Folioles.

Dans le Dattier et quelques autres Palmiers, les Folioles

les plus près de la base deviennent des Épines très-acérées. Il
en est de même du *Cycas.*

Le Scion lui-même s'amincissant insensiblement vers son
sommet, les feuilles qu'il porte diminuant graduellement,
se terminent en une pointe très-acérée; ce sont là les véritables Épines, telles qu'on les voit sur le Prunelier, l'Aubépine, le Poirier sauvage, les *Gleditsia*, etc. (*Voy.* art. 75.)

LES GLANDES.

82. Les Poils, au lieu de se terminer en pointe plus ou moins
acérée, se rénflent au sommet, et deviennent capités; c'est
une GLANDE. C'est donc une protubérance au centre de laquelle on remarque ordinairement un petit trou ou Pore qui
laisse suinter une humeur particulière. C'est donc un Dégor-
geoir pour évacuer les humeurs superflues. Elle se trouve sur
différentes parties, mais surtout à l'extrémité des dentelures
des feuilles et des Stipules. Celles qui se trouvent sur le
Pétiole à la base de la Lame, sont très-remarquables dans
le Pêcher.

Elles sont souvent remarquables par leur volume; telles
sont celles qui se trouvent sur la partie inférieure de la Lame
vers la base, comme dans les *Terminalia* ou Badamier, et
dans la famille des Euphorbes; mais on les voit diminuer et
devenir si petites, qu'elles échappent à la vue simple.

Comme on doit présumer que tous les Végétaux ont également besoin de se débarrasser d'un superflu, il paroît pro-
bable qu'il existe des Glandes lors même qu'on ne peut les
apercevoir. Mais alors ce sont de simples Pores.

On remarque sur la Vigne des Globules parfaitement ronds
et transparens, d'une demi-ligne environ de diamètre. Ils
paroissent former une Vésicule qui contient un liquide très-
acide. Ils sont isolés, mais quelquefois placés d'une manière
assez régulière vers l'insertion des Pétioles; d'autres fois ils
sont répandus sur les Mérithalles : ils sont plus abondans sur
les Plantes situées à l'ombre que sur les autres. On en trouve
de pareils sur le *Cissus hederaceus* ou Vigne-Vierge.

LES PORES.

83. Les PORES paroissent donc être des parties essentielles,
et qui existent lors même qu'ils échappent à nos sens; car on
sait qu'en général il n'y a point de solidité absolue dans la
Nature, que les Corps les plus denses ont des Espaces vides

entre leurs Molécules ; en sorte donc que, lors même qu'ils échappent à nos sens, le raisonnement nous en démontre l'existence. On a donné le nom de Pores à ces vides.

Il n'est donc pas douteux que toutes les parties des Plantes ne soient criblées de pareils Pores. Ce n'est pas de ceux-ci qu'il il est question ici, mais d'ouvertures plus visibles. Chaque Glande en est nécessairement pourvue d'un au moins.

Mais ils sont plus souvent sans renflement particulier, et ils se font quelquefois remarquer par la place qu'ils occupent; les Aisselles des Nervures, par exemple.

Il est certaine Plante où on les aperçoit facilement, quand on regarde à travers leurs feuilles une forte lumière, car alors elles paroissent criblées de points transparens, qu'on prendroit pour des trous. Tel est le Myrte, et surtout la Plante qui prend de là son nom de Millepertuis.

84. Les plus remarquables sont ceux qui se trouvent sur le Mérithalle, parce qu'ils sont généralement plus gros, et qu'ils paroissent distribués de manière à présenter une sorte de régularité; c'est l'origine de ce qu'on a nommé Pores *corticaux*.

En passant en revue rapidement les objets, nous avons parlé de quelques autres Accessoires ; comme nous n'avons pu que les indiquer, nous allons les reproduire de nouveau : telles sont la Stipule, *voy.* art. 49; l'Écaille, *voy.* art. 73; et la Vrille, *voy.* art. 34, 40, 61, 87.

CONSIDÉRATION GÉNÉRALE DE LA STIPULE.

85. La Stipule accompagne toujours la feuille; elle est ordinairement composée de deux Appendices distincts, mais quelquefois ils se réunissent, et ne forment plus qu'une Gaîne qui enveloppe la feuille suivante et la Pousse entière, comme dans les Figuiers et les Magnoliers. Elle acquiert en peu de temps toutes ses dimensions, et tombe très-vîte, en sorte qu'il y a beaucoup d'Arbres qu'on en croiroit dépourvus, quand on les examine au milieu de l'Été, et qui en ont cependant : mais ordinairement ils ont laissé leur trace à la base du Pétiole.

Souvent on trouve au-dessus de cette trace un Bourgeon ; mais comme il est beaucoup plus petit que l'autre, il n'a pas été remarqué. C'est ce que j'ai nommé le Bourgeon *supplémentaire*.

Quelquefois les Stipules sont placées sur le Pétiole même,

en sorte qu'on peut les confondre avec les Folioles inférieures des feuilles *composées*, comme dans les Rosiers et les Arbres à Pepin, et surtout le Lotier.

Dans l'Aphaque, comme nous l'avons dit, elles remplacent les feuilles.

D'un autre côté, la feuille se trouve tellement réduite dans le Fragon ou *Ruscus*, et dans les Pins, qu'on l'a regardée comme une Stipule. Il en est de même des Épines, du Vinetier ou *Berberis*, et du Groseiller. La place qu'occupent ces Parties sur le Mérithalle d'où elles sortent isolément, démontre évidemment leur Nature, tandis que les Épines des Orangers et des Faux-Acacias, partant des deux côtés de la feuille, sont réellement des Stipules.

Les Écailles.

86. Les Écailles sont les Parties extérieures des Bourgeons : leur forme arrondie sans dentelure, leur consistance membraneuse qui ne laisse point apercevoir de Nervures, et leur Disposition *embriquée*, les ont fait comparer aux Écailles qui forment l'Enveloppe extérieure des Poissons ; de là elles ont pris le même nom.

Comme nous l'avons fait remarquer, on voit qu'elles ne sont qu'une altération des feuilles ; ainsi, dans l'Hipocastane et le Sureau, il est évident que le Pétiole s'élargissant et se raccourcissant en même temps, prend leur apparence, quoiqu'il conserve à son sommet des folioles, mais extrêmement réduites dans leurs dimensions. On pourroit même croire, par l'Examen du Pêcher, que l'Écaille n'est autre chose que la Partie concave de l'Empatement du Pétiole ; cela est encore plus évident dans le Platane, car l'Écaille formant un cône fermé à son sommet, représente exactement la cavité du Pétiole qui cache le Bourgeon jusqu'au moment de sa chute. D'après cela, on ne doit pas être étonné de trouver souvent des Bourgeons à leurs aisselles.

Il suit de là que ce ne sont pas les Écailles qui constituent les Bourgeons ; on doit donc regarder comme tels, toutes les reproductions qui se trouvent à l'aisselle des feuilles, quoiqu'elles ne portent que des feuilles ordinaires.

Par cette transformation, la Nature semble vouloir ménager un abri pendant l'Hiver aux Parties plus intérieures qui composent le Bourgeon. De là est venu le nom d'*Hibernaculum*, qu'on a donné à leur ensemble. Pour le rendre plus impénétrable, les Écailles transsudent à l'extérieur des Sucs *gommeux* et *résineux* qui s'épaississent en une sorte de Vernis, comme on le remarque sur l'Hipocastane ; d'autres fois c'est une accumulation de Résine concrète, comme dans les Pins et autres Conifères.

Mais l'exemple de l'Aune et du Tulipier fait voir que les Écailles peuvent être remplacées par les Stipules , et elles paroissent être à-peu-près de même Nature. Enfin , les feuilles sont entièrement à nu dans la Viorne et la Bourgêne , qui supportent très-bien les plus grands froids.

Cependant les Voyageurs ont cru remarquer que les Arbres des pays chauds n'avoient pas leurs Bourgeons enveloppés d'Écailles ; le fait est que le plus grand nombre n'en a pas, mais d'autres en ont de très-bien caractérisées.

Il résulte de là , au moins , que ce n'est pas dans la présence ou dans l'absence des Écailles qu'il faut chercher la différence entre les Plantes *ligneuses* et les *herbacées*.

Comme on l'a dit , les feuilles prennent l'apparence d'Écailles dans la Partie enfouie des Plantes *herbacées* et *vivaces ,* et elles la conservent même dans la Partie extérieure des Orobanches et des Clandestines. On en retrouvera de pareilles , comme nous l'avons déjà dit au sujet des Stipules, dans les *Ruscus* et les Pins.

LA VRILLE.

87. La VRILLE, dont le nom est très-bien expliqué par sa figure, se trouve, dans la Vigne, à l'opposé d'une feuille ; mais elle termine les Pétioles communs des Pois et autres Plantes *légumineuses*. On la retrouve à la même place dans les *Mutisia* qui appartiennent aux Composés , et dans les Bignones; mais elle est à l'Aisselle même des feuilles dans les Passiflores , dans la Bryone. Dans ces Plantes, elle sert évidemment à maintenir dans une situation droite leurs Scions ; mais dans les Melons , les Citrouilles et autres Plantes qui composent la famille des CUCURBITACÉES , les Tiges restent couchées , quoiqu'elles soient garnies de Vrilles. On n'avoit remarqué jusqu'à présent de Vrilles qu'accompagnent les feuilles *alternes;* mais j'ai observé à Madagascar une Plante à feuilles *opposées,* qui s'en trouve munie.

Quelquefois le Pétiole même des feuilles fait l'office de Vrilles en s'entortillant autour des Plantes voisines, dans les Clématites et dans quelques Fumetères. Dans le *Flagellaria* et

le *Methonica*, c'est l'extrémité même de la feuille qui devient
une Vrille. Il en est ainsi dans quelques autres.

INSERTION DU SCION.

88. Après avoir ainsi pris connoissance des différentes Parties
qui constituent le Scion, il faut l'examiner en place. En montant, nous avons vu sa Terminaison aérienne; en redescen-
dant, nous rencontrerons l'inférieure; c'est son INSERTION,
c'est-à-dire le point d'où il sort. C'est le sommet d'une ancienne partie de la Plante, ou bien la superficie même du Sol.
Il ne peut y avoir que des Arbres ou des Plantes ligneuses
dans le premier cas; dans le second, les Arbres se trouvent
mêlés avec les Herbes, mais la première année seulement de
leur existence; en sorte qu'il faut en avoir plusieurs à-la-fois
et de différens âges, pour les reconnoître. On découvrira
donc par ce moyen, que tous les Arbres, comme l'Hipocastane et le Tilleul, sont composés, dès leur seconde année,
d'un Rameau qui porte plusieurs Scions, ou un seul, ce qui
est rare.

RAMILLE.

89. Comme nous l'avons déjà dit, art. 52, le Scion peut porter
lui-même de nouveaux Scions par le développement anticipé
des Bourgeons; cela n'arrive donc qu'accidentellement à
quelques Arbres, comme le Pêcher; c'est ce que nous nous pro-
posons de nommer RAMILLE. Mais pour la reconnoître, il faut
pour ainsi dire avoir assisté à sa formation; car autrement on
prendroit pour telles le plus grand nombre des Plantes herbacées, ainsi que les Arbres toujours verts, qui conservent
à-la-fois plusieurs Générations de feuilles. On pourroit encore regarder comme telles les Rameaux des Arbres qui,
comme l'Aune et le Tulipier, n'ont pas leurs Bourgeons
renfermés par des Écailles. Comme nous l'avons dit plus
haut, les véritables Epines sont des Ramilles, art. 81, comme
celles de l'Aubépine; on pourroit dire la même chose des prétendues feuilles *prolifères* des *Ruscus*. Excepté donc les vraies
Ramilles, le Scion est fourni par une Elongation formée
l'année précédente.

LE RAMEAU.

Sauf les accidens ou les opérations de l'Art, il est très-rare
de ne voir qu'un seul Scion ou Pousse sur le RAMEAU. Cela
n'arrive que lorsqu'il est réduit à l'État de Rosette, principa-

lement dans les Monocotylédones ; tels sont quelques Aloès, les Yuccas , et sur-tout les Palmiers.

On en trouve aussi quelques exemples dans les Dicotylédones. Ainsi , la Rosette dense de la Joubarbe des Toits se trouve portée sur un Rameau cylindrique dans la Joubarbe *arborescente* , commune dans les îles de l'Archipel.

Il en est de même du Laiteron et de la *Viperine* , qui présentent aux Canaries des Espèces dans lesquelles les Rosettes se trouvent écartées de la Superficie du sol par un Rameau intermédiaire.

Excepté donc ces exemples , et quelques autres peu nombreux , en comparaison de l'ensemble , le Rameau porte un certain nombre de Scions ; en l'examinant dans l'Hipocastane et le Tilleul , nous avons reconnu que ce n'étoit autre chose qu'un Scion de l'année précédente , dont les Bourgeons s'étoient développés en tout ou en partie ; celui du sommet avoit continué la direction primitive , et les latéraux avoient formé des Angles plus ou moins ouverts. Ici il faut prendre note des changemens qu'il a pu éprouver en devenant Rameau.

Cela peut être dans ses Dimensions en Largeur et en Longueur , sa Circonscription et sa Couleur.

Pour juger ces différens points , il faudroit en avoir pris des mesures exactes à des époques plus ou moins reculées ; mais cela ne pourroit être que pour quelques individus ; au lieu qu'on a dans le moment même un point de comparaison aussi exact , c'est en le comparant aux Scions mêmes existans : or, nous avons vu que leurs dimensions étoient en général en raison des feuilles développées.

Mais ici les Scions développés, ou les Bourgeons restés *stationnaires* , nous indiqueront, sans erreur, leur nombre , d'autant mieux que nous verrons au-dessous les Vestiges des Feuilles tombées. Ainsi, nous pourrons les comparer non-seulement dans leur ensemble , mais Mérithalle avec Mérithalle ; par là nous pourrons acquérir la certitude que le Scion , en devenant Rameau , n'a pas varié en Longueur. Mais on s'apercevra au premier coup-d'œil, qu'il n'en est pas de même pour la seconde dimension ou l'Epaisseur ; car il a conservé sa forme générale de Cône tronqué , étant d'un plus grand diamètre à la base qu'au sommet ; mais à ce sommet il est au moins du même diamètre que la base du Scion qu'il porte. Or, celui-là est pareillement de Forme co-

nique ; ainsi , son sommet est beaucoup plus mince , et en
voyant les rapports qu'il a avec le Scion , nous ne pouvons
douter qu'il n'ait eu à-peu-près le même Diamètre que lui.

Ainsi , son bout le plus mince aura acquis à-peu-près le
même Diamètre que le plus gros du Scion ; et comme celui-
ci conserve encore avec lui le même rapport , il est évident
qu'il a augmenté dans les mêmes proportions.

90. Quant à la Circonscription des Mérithalles, on verra
que ceux qui sont anguleux ont tendu de plus en plus, de la
base au sommet, à devenir circulaires. La Couleur , en général, sera devenue de plus en plus brune, tandis qu'elle étoit
verte. Si l'on examine la Superficie, on la trouvera formée par
un Réseau qui paroît devoir son origine à une déchirure ;
à travers ses Mailles on découvre une Superficie plus unie.
Dans quelques Arbres, comme les *Sophoras*, les faux-Ébéniers,
le Houx , quelques Érables , la Superficie aura conservé la
Couleur *verte*. Lorsqu'il se trouve des Boursoufflures , comme
dans l'Orme , elles auront augmenté , et seront devenues
quelquefois beaucoup plus épaisses que le Rameau lui-même.

91. Les Nouveaux Scions développés n'étant autre chose que
les Bourgeons de l'année précédente , doivent conserver le
même ordre qu'avoient ceux-ci : ainsi ils sont *opposés* et
croisés par paires dans l'Hipocastane ; *alternes* et *distiques*
dans le Tilleul et l'Orme ; sur trois rangs dans l'Aune ; sur
cinq dans le Chêne et le Poirier. Il en part deux du sommet,
en formant la fourche , dans le Lilas et le *Staphylæa* ; trois
dans le *Nérium*.

Nous avons remarqué que dans les Pins et autres Arbres
conifères , toutes les Feuilles n'avoient pas de Bourgeons.
Ainsi , dans le Pin , comme ils se développent tout de suite
en Rosette de deux Feuilles ou de plusieurs, et qu'il ne s'en
trouve que cinq formant un verticille au sommet, il résulte
de là un pareil étage de Scions. La même disposition a lieu
dans les Sapins ; mais, de plus, il s'y trouve quelques autres
Scions disséminés sur la Longueur du Rameau.

Les Espèces qui ont les feuilles encore plus petites et ne
formant que des Écailles, offrent quelques singularités. Ainsi
dans le Thuia, sur lequel ces Écailles sont opposées et croisées,
il y a une sorte d'alternation sur leur Scion ; elle consiste en
ce qu'un couple donne un seul Bourgeon, tandis que le suivant n'en fournit pas ; de là résulte la forme plane des Ra-

4*

milles. Les Cyprès et les Genevriers présentent d'autres singularités analogues ; mais leur examen meneroit trop loin.

Il en est une plus générale dans cette famille, c'est de conserver ses feuilles, en sorte que le Rameau s'en trouve garni, excepté dans le Mélèze et dans le Cyprès *distique* ou à feuilles d'*Acacia*. En sorte donc que, dans ces Plantes, le Rameau ne se distingue du Scion que par la trace circulaire que laisse la chute des Écailles. Il en est de même de quelques autres de nos Arbres ou Plantes *ligneuses* qui conservent pareillement leurs feuilles. Leurs Pousses ne sont donc au fond que des Ramilles.

Insertion du Rameau.

92. Le Rameau, considéré dans son origine, peut sortir immédiatement du sein de la terre ; alors c'est une Plante de deux ans ; mais ordinairement elle ne s'arrête pas là : il se trouve donc presque toujours porté par une autre portion végétale, c'est la Branche.

LA BRANCHE.

La Branche est une Elongation végétale, portant des Rameaux. Il s'en trouve ordinairement un, *Terminal,* qui continue la direction du précédent ; ainsi il est vertical dans la Branche verticale ; il forme un Angle plus ou moins ouvert dans les latérales. Il devroit s'en trouver autant qu'il existoit de Bourgeons l'année précédente, c'est-à-dire autant qu'il y a de feuilles sur les Scions existans ; mais nous avons vu d'abord que dans l'Hipocastane il n'y en avoit qu'une partie qui se développoit. Ainsi il y a donc des Bourgeons qui restent *stationnaires* dans quelques Arbres; ils sont toujours manifestes à l'extérieur, mais ils ne prennent aucune augmentation sensible. Cela est assez remarquable dans le Chêne.

93. En second lieu, nous avons vu pareillement que dans le Tilleul tous les Bourgeons se développoient à la vérité en formant des Scions ; mais que le plus grand nombre de ceux-ci périssoient l'année suivante. Il en est à-peu-près de même dans le Saule *blanc.* On peut présumer que beaucoup d'autres Arbres se débarrassent, par des moyens analogues, d'une grande partie de leurs Scions, mais cela n'a pas été encore bien observé : autrement les Ramifications s'augmenteroient d'année en année, par la progression géométrique la plus rapide. Il en reste encore un assez grand nombre ; en sorte

qu'un Arbre laissé à lui-même se complique d'autant plus d'année en année.

Voilà deux modes généraux qui tendent à diminuer le nombre des Ramifications ; ils ont lieu assez constamment, quoiqu'on ne puisse encore leur assigner aucune cause prise dans le Cours *naturel* de la Végétation.

On reconnoît encore très-facilement que la Branche n'est autre chose qu'un Scion. On y trouve aussi les limites des Mérithalles, soit par les Rameaux développés , soit par les vestiges de ceux qui ont péri, soit par les Bourgeons *station-naires;* enfin , on y retrouve encore les traces des feuilles, surtout dans l'Hipocastane. Il présente toujours la même augmentation en diamètre, du sommet à la base ; mais on peut remarquer que cette augmentation est en raison des Rameaux développés ; c'est-à-dire, qu'en supposant qu'il n'y en ait que deux latéraux, en partant du sommet, le diamètre qui se trouve sous le dernier se maintiendra presque sans altération jusqu'à la base ou à son Insertion.

94. La surface des Mérithalles se crevassera de plus en plus dans quelques espèces, comme dans l'Orme ; dans d'autres, elle paroîtra toujours lisse comme dans les Cerisiers : les Pores *Corticaux* s'y feront toujours remarquer ; mais ils se seront allongés en travers; c'est-à-dire que , de *ronds* qu'ils étoient dans leur origine, ils seront devenus *ovales* , leur plus petit diamètre étant dans le sens vertical , et il est toujours égal à ceux de l'année. Dans le Peuplier *blanc ,* le Marsaule et autres , les Pores sont des points enfoncés qu'on prendroit pour des cicatrices.

En supposant la Branche sortant de terre, elle formera un Arbre de trois ans ; sinon elle sera supportée encore par une autre Elongation végétale. Nous n'avons plus d'autre nom à lui donner que celui de Branche : si on veut la distinguer, on dira que la première est une Branche de *premier* Ordre, et celle-ci de *second.* Elle portera donc elle-même des Branches de premier Ordre, dont la *terminale* prolongera la Direction ; les autres seront distribuées latéralement : on pourra encore reconnoître sur la plupart les Traces des feuilles ou des Bourgeons , et toujours on y observera le même DÉFILEMENT que j'ai fait remarquer ; c'est-à-dire, qu'en partant du sommet du Scion où se trouve le diamètre le plus mince , il ira en augmentant insensiblement jusqu'à la base ou son Insertion ; de là , la forme du Cône tronqué qu'on lui accorde ; mais on sent qu'elle n'est pas d'une régularité géométrique, surtout si, comme nous l'avons dit, la forme de ses parties constituantes, ou des Mérithalles, est *cylindrique* ou *prismatique*. On peut suivre plus ou moins long-temps une suite d'embranchemens, car les Traces *annulaires* laissées par les Ecailles des Bourgeons, persistant long-temps, les distinguent les uns des autres. Leurs Branches secondaires et leurs Rameaux doivent se multiplier de plus en plus ; mais leur nombre tend toujours à se restreindre, d'abord par cette cause obscure qui fait périr les Scions inférieurs du Saule et du Tilleul, ensuite parce qu'à mesure que l'Arbre s'élève, les Scions deviennent plus courts, n'ayant plus qu'un petit nombre de feuilles, et par conséquent de Bourgeons.

LE TRONC.

95. Ainsi donc, en descendant de Ramifications en Ramifications, on parvient au TRONC. C'est une Elongation végétale qui part de la terre et s'élève jusqu'à une certaine élévation au-dessus de sa superficie, sans aucune Ramification. Mais en recherchant l'origine de ces Ramifications, nous avons vu que toutes avoient commencé par être un Scion, c'est-à-dire une Elongation garnie de feuilles, par conséquent de Bourgeons ; ainsi, qu'il avoit dû en résulter des Rameaux et des Branches. En considérant chacune d'elles en particulier, nous avons vu que chaque Arbre s'étoit élevé pour ainsi dire de grade en grade chaque année de son existence. Ainsi, en supposant un Tronc parvenu à la hauteur de dix pieds de haut en cinq ans, si l'on veut se rendre raison de son origine, il faut le comparer à une suite de cinq jeunes Arbres de la même espèce, se surpassant l'un l'autre de deux pieds. Le premier n'étoit qu'un Scion ; il est évident qu'il a dû être *rameux* la seconde année, puisque c'étoit une suite de Mérithalles portant chacune au moins une feuille, et autant de Bourgeons ; le second étoit un Rameau ; les trois autres étoient des Branches du *premier, second* et *troisième* ordre : par conséquent ils devoient se ramifier de plus en plus.

96. Aussi, quoique depuis Théophraste on se soit accoutumé à donner pour caractère distinctif d'un Arbre, d'avoir un Tronc sans Branches, on voit par des exemples nombreux que cela n'est pas général. Si donc le Peuplier commun se présente sous cette forme, à côté nous voyons celui qu'on

nomme d'Italie, en porter dès sa base ; de là la belle forme *pyramidale* qu'il affecte. Le Chêne, qu'on peut nommer, pour la forme, l'Arbre par excellence, puisque généralement il se distingue par un Tronc sans Branche, plus ou moins élevé, en offre une Espèce rameuse dès la base, et *pyramidale* comme le Peuplier.

Les Pins présentent des contrastes aussi frappans dans leurs formes. Ainsi l'on voit les Pins *Sylvestris* et *Laricio* se distinguer au loin par la régularité des étages formés par leurs Branches ; c'est au point qu'on peut par leur moyen connoître la date de leur existence : ils rendent donc manifeste presque toute la succession de leur Accroissement.

A côté l'on aperçoit un autre Pin, qui se distingue par une vaste cîme étalée en parasol, et portée sur un Tronc souvent très-élevé ; c'est le Pin Pignon. Pour acquérir cette forme, il faut nécessairement que chaque année un certain nombre des Branches inférieures périssent et se détachent du Tronc ; mais pour que les Arbres prennent cette forme, il faut qu'ils soient isolés ; car dès qu'ils sont rassemblés en futaies, tous s'effilent et perdent leurs Branches latérales. Tous ces Arbres prennent une forme déterminée, sans qu'on puisse soupçonner qu'elle soit le produit du travail de l'homme. Ainsi j'ai vu à Madagascar le superbe *Tevarta* ou *Chrysopia* former un vaste parasol. C'est donc par suite d'un Ebranchement peu remarqué jusqu'à présent, que le Tronc acquiert sa nudité.

En général, tous les Arbres de la Famille des Conifères se font remarquer par la régularité de leurs formes ; tels sont les Sapins, dont les Branches retombent avec grâces ; le Cyprès, au contraire, qui les rassemble en cône, etc.

97. Les autres Arbres ne sont pas si réguliers ; cependant ils présentent un ensemble qui les fait souvent distinguer au loin, même par l'œil le moins exercé : c'est ce qu'on nomme leur Port. Il résulte en général de l'inflexion de leurs Branches. On sait qu'elles partent le plus souvent en formant un Angle plus ou moins aigu. Dans quelques espèces cette Direction se conserve comme dans le Peuplier d'Italie et dans les Arbres *pyramidaux ;* mais il en est d'autres où le diamètre des Ramifications n'étant pas en raison du poids qu'ils acquièrent, fléchissent en s'approchant insensiblement de la ligne horizontale : enfin elles finissent par s'incliner vers la terre ; cependant leur insertion conserve toujours son Angle primitif : ce n'est qu'en se courbant à quelque distance de son

origine, qu'elle prend cette direction ; tandis que le Scion terminal, obéissant à la loi générale, tend à remonter. Le
Tilleul conserve à-peu-près ses Branches dans leur direction primitive, tandis que dans l'Hipocastane elles sont
inclinées ; mais dans le Bouleau elles se courbent tellement ,
qu'elles finissent par descendre perpendiculairement. Cet
effet , encore plus marqué dans le Saule de Babylone ,
qu'à cause de cette forme on nomme *Pleureur*, est dû à
la flexibilité de leurs Scions , tandis que dans le Frêne ,
qu'on nomme de même *Pleureur*, il provient au contraire
de leur rigidité , qui leur fait toujours conserver leur première Direction.

On remarque à la base du Tronc de quelques Arbres des
pays *équatoriaux* des prolongemens en manière d'ailes très-
solides, quoique souvent très-minces, qui vont se perdre dans
les Racines horizontales.

De l'Axe Central.

98. On voit par ces exemples, que ce n'est point la nudité
du Tronc à sa Base, qui constitue les Arbres ; car un Peuplier d'*Italie* est aussi bien un Arbre que le Peuplier *commun*,
et le Pin *Laricio* que le Pin *cultivé*; mais ce qui lie entre eux
tous ces grands Végétaux, c'est que leur partie principale se
compose d'un Axe *central*, qui fournit de distance en distance
des Rameaux , et qui paroissent distribués suivant des lois
particulières.

Dans tous, cet Axe prend extérieurement la forme d'un
Cône tronqué , étant d'un diamètre beaucoup plus grand à
sa Base qu'à son Sommet ; mais la différence de ces deux
dimensions est d'autant plus grande qu'elle est plus éloignée.
Le diamètre inférieur est sujet à de grandes variations ;
le supérieur paroît renfermé dans des limites beaucoup
plus constantes : c'est le Sommet d'un Scion , par conséquent sa partie la plus mince. Mais la Plante étant supposée
dans un état moyen de Végétation, le Sommet varie peu dans
la même espèce d'Arbres. Ainsi, il ne dépasse guères une
ligne dans le Tilleul, tandis qu'il en a jusques à quatre dans
l'Hipocastane. On pourroit présumer, d'après cela, que le
premier de ces Arbres devroit croître en diamètre beaucoup
moins rapidement que le second ; ce qui n'est pas, puisqu'ils
sont à-peu-près semblables de ce côté. On peut croire que
cela vient de ce que, dans le Tilleul, presque tous les Bour-

geons du Scion se développent l'année suivante, tandis qu'il n'y en a qu'une partie dans l'Hipocastane. Mais, si l'on compare deux Arbres qui aient à-peu-près le même Mode de Végétation, on trouvera que l'Accroissement en diamètre a du rapport avec celui de l'extrémité du Scion. C'est ainsi que le *Pavia*, arbre si voisin de l'Hipocastane qu'on le regarde comme étant du même Genre, n'acquiert, dans le même laps de temps, qu'un diamètre beaucoup plus petit.

99. Il est donc des Arbres bien caractérisés, quoiqu'ils soient rameux dès la Base ; mais presque toujours les Ramifications inférieures sont d'un diamètre bien plus petit que celui de l'Axe qui les porte ; tandis qu'il en est d'autres formés d'un Tronc absolument nu ; mais au point où il se ramifie, il fournit plusieurs Branches principales, qui se rapprochent tellement de l'égalité qu'on ne peut y démêler d'Axe central ; et par la manière dont elles s'entrecroisent, on ne peut en reconnoître qui aient plus de tendance à gagner la perpendiculaire que les autres.

C'est par là que le Pommier diffère du Poirier. Je ne parle pas seulement de ceux qui composent nos Vergers, parce qu'on pourroit attribuer leur forme à la Culture, mais de ceux qui croissent en liberté dans les Bois. La plus grande confusion paroît régner dans l'Entrelacement de leurs Branches ; mais si on les observe attentivement, on aperçoit qu'elles sont tellement dirigées, qu'il n'en est pas une qui ait des points de contact avec une autre : preuve évidente qu'au milieu de l'irrégularité elles obéissent à une loi constante.

Le Buisson.

100. Cette même confusion de Branches peut partir de la surface même du Sol ; il en résulte alors un Arbrisseau ou Buisson. Pour le juger tel, il faut toujours en revenir à l'Examen de plusieurs Individus de la même espèce, mais de différens âges. Arrêtons nos regards sur le Sureau : à la première année de son apparition (supposé qu'il vienne d'un Bourgeon et non d'une Graine), il présentera un Scion plus ou moins allongé, garni de Couples de feuilles *ailées*, assez espacées. Il ne différera pas beaucoup, par son aspect, d'un Frêne. La seconde année, le Rameau qui en résultera sera garni à sa Base de deux ou trois Scions qui se seront allongés beaucoup plus que ceux qui seront sortis de la Partie supérieure, et même du terminal ; tandis que, dans le Frêne, ce

sera celui-là qui aura fourni la plus longue élongation. La troisième année, dans le Sureau, la Partie supérieure aura toujours été en diminuant, et aura peut-être péri, tandis que les Scions inférieurs en auront produit de nouveaux qui auront toujours dominé les précédents; par ce moyen, la seule Partie du Scion primordial, la plus voisine du Sol, aura pris de l'Accroissement en diamètre.

101. Dans le Frêne, toujours le Bourgeon *terminal* aura dominé. Un petit nombre des inférieurs se seront développés, mais ils n'auront fait que des Pousses très-foibles; il en résultera donc un Tronc droit et élancé, tandis que dans le Sureau il ne se trouvera qu'une Souche, ou Tronc raccourci, d'où sortiront toutes les Productions; et, quoiqu'il s'en élance souvent des Scions beaucoup plus allongés que ceux des Arbres qui croissent le plus vite, ils disparoîtront presque toujours, quoiqu'il n'y ait pas de cause directe qui paroisse agir sur eux. Cependant il arrivera quelquefois qu'on leur verra produire des Troncs *nus* et assez élevés, en sorte qu'ils formeront des Arbres, petits à la vérité, mais bien caractérisés; ce qui prouve que leur état d'Arbrisseau tient à des circonstances si légères, qu'il faut un rien pour les déranger.

On voit donc, par des Nuances insensibles, les formes les plus gigantesques descendre jusqu'aux Miniatures les plus délicates du Règne végétal. Presque toujours les unes et les autres paroîtront s'élancer dans la carrière avec les mêmes avantages, le Scion primordial se trouvant souvent aussi considérable dans le plus foible Arbuste, comme l'Hysope, que dans le Cèdre du Liban; aussi peut-on avec quelques soins procurer la forme arborescente aux plus foibles d'entre eux : ainsi, le Rosier en devient susceptible. Un des plus grands obstacles à leur *arborescence*, c'est la débilité de leurs Tiges; pliant continuellement sous le poids de leurs feuilles, elles traînent sur le Sol.

DES LIANES.

102. C'est pour obvier à cet inconvénient que la Nature a pourvu quelques-uns d'entre eux de Vrilles. Ainsi, la Vigne laissée à elle-même rampe sur le sol; trouve-t-elle un appui, elle s'élance jusqu'au Sommet des plus grands Arbres, et avec le temps elle acquiert un Tronc plus gros que le leur. Plus souvent, la Tige elle-même se roulant autour de celle des

autres Plantes ou autres Supports, y trouve un appui ; mais
c'est aux dépens mêmes de ce support, car elles finissent par
l'étouffer. Parmi les Herbes se trouvent les Haricots et les Liserons. Les Latins nommoient, de cette propriété, ces derniers
Convolvulus. Quelques Arbustes, comme le Chèvrefeuille,
sont dans le même cas ; mais ils sont beaucoup plus communs
dans les Pays chauds, où on leur donne le nom de LIANES.
Le luxe de leur Végétation est tel, qu'ils écrasent les plus
gros Arbres.

On a remarqué que leur *Enroulement* pouvoit avoir lieu de
deux manières : ou il suivoit le cours du Soleil, ou il lui étoit
contraire ; c'est-à-dire, que, si l'on se suppose à la place du
support, et qu'on soit tourné du côté du Midi, une Plante
placée à gauche, au Levant, ira gagner la droite, ou le Cou-
chant, en passant par devant ou le midi, tandis que l'autre
aura un mouvement contraire, et qu'ainsi placée à droite, elle
ira gagner la gauche ; ou, si nous les supposons placées du
même côté, l'une passera par devant et l'autre par derrière ;
mais chaque espèce grimpante conserve constamment le mode
qui lui a été assigné par la Nature ; ainsi, le Chèvrefeuille
et le Houblon grimpent toujours de gauche à droite tandis
que les Haricots et les Liserons grimpent de droite à gauche.
Un Auteur a prétendu même qu'on pouvoit déjà reconnoître
cette disposition dans la Graine de ces Plantes.

Du Coursion.

103. C'est donc du Scion que dépend l'Accroissement en élévation des Arbres ; mais, comme on l'a dit, il est susceptible
de varier lui-même en longueur ; cela dépend d'abord du
nombre des Feuilles, et en second lieu de l'Ecartement de
celles-ci, ou de ce que nous nommons le Mérithalle.

Ainsi, l'Axe de l'Arbre le plus élevé est en général composé
d'autant de Scions qu'il y a d'années écoulées ; ceux-ci sont
composés d'un certain nombre de Mérithalles. L'Axe d'un
Chêne de cent ans est donc composé de cent Scions ; en leur
supposant à chacun dix Entre-Feuilles, ils seront donc le produit de mille feuilles. Mais les feuilles peuvent varier dans leur
Ecartement ; leur plus grand degré de rapprochement, c'est
lorsqu'elles se touchent à leur Base ou au point d'Insertion ; il
en résulte des Rosettes ou des COURSIONS. Comme nous l'avons
dit, il se trouve des uns et des autres sur beaucoup des Arbres
les plus communs, notamment sur le Poirier ; ordinairement,

le Bourgeon terminal donne un long Scion ; ce qui lui procure une Elongation annuelle. Quelques-uns des latéraux seulement deviennent des Coursions; alors il peut croître rapidement ; mais il arrive, dans quelques circonstances, qu'ils deviennent tous des Coursions ; dans ce cas il ne croît pas sensiblement. Il peut donc rester plusieurs années comme *stationnaire*; c'est ce qu'on remarque souvent sur le Poirier de *Doyené*. Le Coursion n'influe donc qu'accidentellement sur leur forme; il n'en est pas de même des Végétaux qui n'ont que des Coursions.

LE STIPE.

104. Il peut être seul ; c'est ce qui a lieu dans les *Palmiers;* alors il n'y a qu'une seule Tige. Si l'on est à même d'en voir plusieurs de la même espèce de différens âges, on ne leur trouvera de différence qu'en Elévation , car leur Cîme sera composée à-peu-près du même nombre de feuilles, et la Tige qui les portera sera de même diamètre, quelle que soit son Elévation. On distingue ce genre de Tige par le nom de STIPE.

Les feuilles formant une Gaine à la Base, la dernière, ou la plus basse, enveloppera toutes les autres, en sorte qu'elles sembleront partir du même point ; mais lorsque celle-ci tombe, on s'aperçoit qu'elle étoit à une certaine distance de celle qui la précède; l'on apprend par là que ce Coursion a une certaine longueur, étant composé d'entre-feuilles ou de Mérithalles assez considérables. Cette feuille, en tombant, laisse une trace annulaire ; on en voit au-dessous de pareilles qui sont à peu-près à la même distance l'une de l'autre ; mais elles sont toutes de même nature , en sorte qu'elles paroissent être l'effet d'une cause progressive toujours agissante. Sur un côté cette trace est plus renflée, et l'on s'aperçoit que cela correspond à la partie d'où sortoit l'Expansion de la feuille ; par là on reconnoît sa position, et on peut la comparer à celle des autres. Il en résulte qu'elles forment une Spirale composée de trois feuilles, en sorte que la quatrième revient directement au-dessus de la première.

105. Il est évident que cette Place correspond à l'Aisselle ; c'est donc là où devroit se trouver un Bourgeon ; mais on n'en aperçoit pas de trace jusqu'à ce que l'Arbre soit parvenu à certain degré d'Elévation : alors on y trouve une Production remarquable ; mais comme c'est un assemblage de Fleurs, nous ne nous en occuperons pas encore. Il arrive donc de là

que cette Tige ne présente aucune Espèce de Ramification
(excepté quelques cas très-rares), et on ne trouve d'autre
différence entre les Individus qu'on est à portée de voir en
même temps, qu'une Elévation plus ou moins grande, et le
nombre des Vestiges de Feuilles est toujours en raison de
cette Elévation ; c'est donc là ce qui constitue le Stipe proprement
dit. Il se distingue principalement, parce qu'il reçoit
dès sa première formation toute la grosseur qu'il doit conserver
pendant le temps de son Existence, en sorte qu'il est
ordinairement cylindrique ; mais il arrive quelquefois, par
des causes accidentelles, qu'il éprouve des Renflemens, ce
qui lui donne la forme d'un Fuseau.

106. Les Yuccas présentent aussi un Coursion, mais dont
les feuilles, très-nombreuses, sont contiguës à la Base; l'empattement
de leur Insertion n'occupe qu'une portion de la Circonférence.
On trouve encore, par la comparaison d'Individus
de différens âges, que le Stipe se conserve sans éprouver
d'Augmentation sensible : leurs feuilles sont aussi rangées
évidemment en Spirale ; mais il est difficile de la déterminer
à cause de leur trop grand nombre.

Quelques Aloës sont dans le même cas, se trouvant composés
d'une Rosette dense ou Coursion, porté sur un Stipe ;
mais on en trouve d'autres qui semblent rester à la surface
du Sol, quoiqu'ils végètent un grand nombre d'années. Les
Agavés et les Ananas leur ressemblent de ce côté. Cependant
si on les observe avec attention, on verra qu'ils se dégarnissent
toujours à la Base par la chute des feuilles inférieures ; mais
elles sont si rapprochées, qu'il en résulte une dénudation
peu considérable.

DES ARBRES MONOCOTYLÉDONES RAMEUX.

107. Les *Pandanus* ou Vaquois ne présentent, à leur origine,
qu'une immense Rosette ou Coursion ; toutes ses feuilles
persistent jusqu'à ce qu'il soit parvenu à un certain degré
d'Elévation; alors toutes les feuilles inférieures tombent à-la-
fois, et il paroît un Stipe unique ; mais il se trifurque tout de
suite, c'est-à-dire, qu'il fournit trois Rameaux horizontaux:
successivement il en donne d'autres ; il en résulte, au bout
d'un certain nombre d'années, une Girandole magnifique
qui porte dans les airs des milliers de Rosettes. Cependant
son Stipe n'augmente pas sensiblement en diamètre, et il
conserve long-temps les Vestiges des feuilles ; par leur moyen

on peut reconnoître facilement l'Ordre de leur sortie ; elles forment une triple Spirale.

108. Les *Dracænas* ne présentent aussi, à leur origine, qu'un simple Coursion, et il se maintient solitaire dans plusieurs Espèces ; mais le plus célèbre d'entre eux, celui qui donne le Sang de Dragon, parvenu à une certaine Elévation, fournit plusieurs Rameaux, et alors il augmente prodigieusement en diamètre. Cela arrive plutôt à ceux que dans nos Colonies africaines on nomme *Bois-Chandelles*. Ils se ramifient de bonne heure, et augmentent beaucoup en diamètre ; en sorte que, de ce côté, ils ressemblent parfaitement aux Arbres communs, c'est-à-dire, à ceux qu'on nomme *Dicotylédones* ; ils n'en diffèrent que parce qu'on n'aperçoit à l'Aisselle de leurs Feuilles aucune trace de Bourgeon : c'est cependant de là que sortent les Scions ; mais ils ne se manifestent qu'au moment où leur sortie est déterminée, ainsi que nous le verrons par la suite. Par leurs feuilles et tous leurs autres Caractères ils appartiennent aux *Monocotylédones*, de même que tous les autres Végétaux dont nous venons de déterminer le Stipe.

Il suit de là, que cette Espèce de Tronc varie beaucoup dans sa forme et sa composition ; il ne peut donc servir à distinguer cette Série de Plantes. On retrouve un Tronc aussi simple dans quelques espèces de Fougères ; elles ont l'aspect des Palmiers ; mais leurs feuilles sont isolées à leur Base, et ne se recouvrent pas, n'ayant pas de Gaîne. Le Cycas, qui avoit été confondu avec les Fougères, présente la même forme ; cependant il est susceptible de donner des Pousses latérales et par conséquent de devenir rameux.

109. Il est à remarquer que tous ces Végétaux n'appartiennent qu'aux pays *équatoriaux*, ou qui en approchent. Il en est un dans les mêmes contrées, auquel on est tenté d'attribuer un Stipe, c'est le Bananier ; mais en l'examinant, on aperçoit que sa Tige ne consiste que dans les Gaînes même de ses feuilles, qui s'enveloppent successivement ; en sorte que c'est un véritable Coursion terrestre.

Mais ce Coursion se trouve porté sur un véritable Stipe qui rivalise en Elévation et en Diamètre avec celui des Palmiers, dans le Ravenale de Madagascar ; ses vastes feuilles sont *distiques*, c'est-à-dire, rangées sur deux rangs, mais qui tendent à décrire une double Spirale.

C'est en vain que nous chercherons dans les *Dicotylédones*

un véritable Stipe; cependant on pourroit croire au premier coup-d'œil, que le Papayer s'en trouve pourvu; car il arrive souvent que son Tronc n'est terminé que par un seul Coursion. Il forme une Cîme arrondie et assez étendue, parce que ses feuilles sont portées sur de longs Pétioles; mais à l'Aisselle de chacune d'elles on aperçoit un Bourgeon à nu, en sorte qu'il a la faculté de se ramifier, et c'est ce qui lui arrive souvent; mais le plus grand nombre de ses Bourgeons s'oblitère. On remarque aussi que son Tronc prend de l'Accroissement en diamètre, et il est d'autant plus considérable qu'il est plus rameux.

L'Elongation qui porte les Coursions ou Rosettes des Joubarbes, des Laitrons et des Vipérines *arborescentes*, ne peut pas être non plus confondue avec les Stipes, car on les voit se ramifier et croître en diamètre. On a regardé le pied qui porte le Chapeau des Champignons comme une Espèce de Stipe; mais ses rapports sont trop éloignés pour qu'on puisse lui faire porter le même nom.

LE COURSION TERRESTRE.

110. Le Stipe ou Tige, portant un Coursion, s'élève insensiblement sans laisser de traces des graduations par lesquelles il peut acquérir des dimensions gigantesques; ainsi il peut nous mener à l'examen des Coursions terrestres, c'est-à-dire, à ceux qui paroissent toujours tapis sur la surface du Sol. La Joubarbe des Toits est une des plus remarquables; on compare assez ordinairement sa Rosette très-dense à un Artichaut; on voit toujours à sa base un certain nombre de Feuilles desséchées qui attestent que, comme l'Espèce arborescente, elle éprouve un développement successif; cependant on ne la voit jamais s'élever au-dessus du Sol; cela vient, d'un côté, de ce que la Tige qui résulte de ce dépouillement est si foible, qu'elle ne peut soutenir la Rosette, et, de l'autre, que la sortie des feuilles est si rapprochée que son Elongation est presque insensible; ses Mérithalles sont donc extrêmement courts : cela n'empêche pas, cependant, qu'ils ne puissent donner naissance à des Bourgeons; effectivement il en existe, mais en petit nombre, sur l'Espèce commune; ils forment des sortes de Scions allongés, qui vont, à quelque distance de leur origine, recommencer de nouvelles Rosettes; mais ils sont beaucoup plus nombreux sur une autre Espèce, où ils se manifestent par des Globules parti-

culiers qui sortent de presque toutes les Aisselles ; c'est de là qu'elle a pris le surnom de *globulifère*.

111. Le Coursion du Laitron reste isolé , et de nouvelles feuilles se développent successivement de son centre ; elles recouvrent les autres, et elles garnissent de plus en plus la Rosette ; mais elles conservent toujours entre elles un Ordre très-remarquable ; elles persistent jusqu'à ce qu'une Tige garnie de fleurs vienne la terminer. Il en est à-peu-près de même de la Viperine ; son Coursion reste solitaire, et il se termine par une Tige florifère. Ils partent donc du sommet d'une Racine : quelquefois il s'y trouve plusieurs Coursions ; ils deviennent même si abondans qu'on a peine à démêler leur origine : ils composent alors des Gazons, tel est la Statice-*capitée,* qu'on nomme vulgairement Gazon d'Olympe. Ces Coursions se maintiennent plusieurs années sans s'élever sensiblement au-dessus de la surface du sol ; mais on y trouve toujours leur point de départ , c'est le sommet de la Racine.

On trouve aussi sur d'autres Plantes des feuilles nombreuses ; mais elles sortent du sein de la terre , il faut donc la fouiller pour trouver leur point de réunion : tels sont les Oignons communs , les Jacinthes , enfin le plus grand nombre des Plantes à feuilles en forme d'épée , c'est-à-dire, la grande majorité des Plantes Monocotylédones *herbacées.*

Mais avant de pénétrer jusqu'au point de leur sortie, il faut examiner les modifications que présentent les Plantes herbacées Dicotylédones. Il en est qui sont pareillement composées d'un faisceau de feuilles sortant du sein de la terre ; tels sont le Tussilage , le Cyclamen , le Bulbo-castane , etc. Ces Plantes sont donc formées d'un Coursion souterrain.

Du Lonsion Terrestre.

112. Un plus grand nombre sont composées de Scions allongés ; ils sont quelquefois entièrement solitaires ; alors toute la Plante sort évidemment du sommet d'une Racine ; mais elle est plus ou moins ramifiée, attendu que les Bourgeons se développant tout de suite, elle sera devenue Ramille ; elle continuera de végéter, jusqu'à ce que le froid vienne l'attaquer. Tel est l'*Helianthus annuus,* ou grand Soleil. A côté vous apercevez une Plante à-peu-près semblable, seulement elle est plus grêle ; c'est le Topinambour ou *Helianthus tuberosus :* elle se distingue principalement parce qu'il sort de terre presque du même point plusieurs Scions , au lieu qu'ils restent

isolés dans le premier. On peut supposer par là que ces Scions ont entre eux une communication souterraine.

113. La Pomme de Terre, ou *Solanum tuberosum*, l'Hyèble, ou Sureau *herbacé*, et beaucoup d'autres Plantes, sont à-peu-près dans le même cas, c'est-à-dire que si on les observe à un seul moment de leur existence, et nous supposons toujours que c'est vers le milieu de l'été, elles ne peuvent être distinguées des Plantes ligneuses que lorsqu'on est à même d'en voir un grand nombre, parce que par ce moyen on reconnoîtra qu'elles ne sont pas susceptibles d'augmentation, puisque leur Tige actuelle ne subsiste pas au-delà d'une saison ; cependant il se trouve des nuances intermédiaires, qui présentent de l'ambiguité : la Rue, par exemple, a une Tige droite ramifiée, qui persiste au moins deux années.

La Pervenche a une Tige rampante ramifiée, et qui persiste également indéfiniment.

Le Fraisier a une sorte de Coursion ou Rosette ; mais en outre il pousse des Tiges foibles qui retombent vers la terre ; les feuilles y sont très-écartées et souvent réduites à l'apparence de simples Ecailles ; mais chacune d'elles ayant un Bourgeon, il en sort un Coursion qui pousse des Racines de sa base, et par là commence une nouvelle Plante à quelque distance de sa mère. On donne le nom de COULANS à cette sorte de Tige.

Les Graminées, comme le Blé, ont pour Tige un long Scion d'un aspect si particulier, qu'on l'a distingué par le nom de CHAUME ; mais nous en parlerons plus bas après avoir traité de la Germination.

Origine du Scion Terrestre.

114. Comme nous l'avons dit, le Scion peut sortir directement du sein de la terre, mais cela ne peut arriver aux Arbres et Arbustes que la première année de leur formation ; cela de deux manières : l'une, lorsqu'ils proviennent de Racines traçantes ; l'autre, lorsqu'ils sortent immédiatement d'une Graine. Dans le premier cas on reconnoît cette origine, en fouillant la terre jusqu'à ce qu'on rencontre la Racine mère ; dans le second, c'est en recherchant les traces de cette Graine ; elles subsistent plus ou moins long-temps dans les Cotylédons, devenus Protophylles : on les rencontre au-dessus de la surface du sol, dans quelques-uns ; mais il faut le fouiller pour découvrir les autres.

5

DES COTYLÉDONS ou PROTOPHYLLES.

115. Nous avons vu que, dans le Tilleul, ce sont deux Expansions qui, par leur forme générale, leur Consistance et leur Couleur, ressemblent à des feuilles ; mais elles diffèrent des autres qui se trouvent habituellement sur ces Arbres, par leur contour, car elles sont *palmées* au lieu d'être *cordiformes*, mais surtout par leur Insertion, elles sont *associées* et *opposées*, au lieu d'être *isolées*. Art. 18, 19.

Pour l'Hipocastane, il a fallu fouiller la Terre pour trouver ses Cotylédons, et nous avons reconnu qu'ils étoient composés de deux Masses épaisses qui formoient encore tout l'intérieur de la Graine, et qu'ils étoient attachés par deux bras opposés, comme ceux du Tilleul. Les premiers sont *épigées*, les seconds *hypogées*.

Ce caractère paroît au premier aspect assez tranchant pour diviser les Plantes qu'on est à même de voir germer, en deux grandes Classes générales. Les Arbres qui croissent facilement dans notre climat semblent s'y ranger naturellement. Il en est de même du plus grand nombre des Herbes.

Ce mot de Cotylédon, transporté de l'Anatomie *animale* dans la *végétale*, par une fausse analogie, comme presque tous les autres, devroit être réformé ; mais un si long usage l'a consacré, qu'il faut le conserver ; je restreindrai cependant sa signification en ne l'appliquant à cette partie que lorsqu'elle est encore dans la Graine ; je me servirai du terme de *Protophylle*, de Πρῶτον premier, et Φυλλον Feuille, pour la désigner après qu'elle a subi la Germination. Nous allons donc examiner les Protophylles *épigées* et *hypogées*.

PROTOPHYLLE ÉPIGÉE.

116. Il s'agit maintenant de voir si nous pourrons les distinguer des feuilles dans l'ensemble des Plantes qui en sont pourvus, aussi facilement que dans le Tilleul, 1°. par leur CONFIGURATION, 2°. par leur INSERTION.

Configuration.

C'est, comme nous l'avons vu, par complication, que les Protophylles du Tilleul se distinguent, c'est-à-dire que leurs contours sont découpés, au lieu qu'ils sont unis dans l'Hipocastane, et de ce côté c'est un des Exemples les plus remarquables que présente le Règne *végétal* ; car en général,

dans les Protophylles , les Bords sont de la plus grande simplicité , ne présentant ni Lobes ni Dentelures.

Ils sont cependant crénelés tout autour dans une Espèce
de *Cordia* ou Sébestier; et ce qu'il y a de plus remarquable ,
c'est que les Nervures aboutissent au Rentrant , tandis que
dans toutes les feuilles connues elles terminent les Saillans.

Ils sont terminés par deux Lobes plus ou moins obtus ,
ce qui leur donne la figure d'un cœur renversé , dans la
Rave et autres Plantes Crucifères.

Ces deux Lobes sont plus aigus dans les Liserons; et dans les
nombreuses Espèces de ce Genre ils se prononcent de plus
en plus , jusqu'à devenir dans le Quamoclit une sorte
d'Aile ouverte très-singulière.

Ils sont , en général, plus longs que larges; c'est en cela
que ceux des Ombellifères , comme la Carotte , sont remarquables. Il en est de même des Solanées , et des *Acers* ou
Érables; mais dans le Hêtre ils sont semi-circulaire , en
sorte que les deux partant du même point, ils forment
le Cercle complet.

Ils sont donc *sessiles.* C'est le cas du plus grand nombre ;
mais dans le Basilic , le *Lamium* et autres Plantes dites Labiées , ils sont *pétiolés* d'une manière très-remarquable ;
de plus , la forme de la Lame est assez particulière. Il en
est de même dans la Mauve et autres Plantes Malvacées.

Ils sont *pinnatifides* dans une Espèce de *Geranium;* ils
sont toujours simples, excepté dans le *Lepidium sativum* , ou
Cresson-Alénois , où ils paroissent *trifoliés.*

Les deux sont pour l'ordinaire aussi semblables que la
Nature les peut produire; cependant, dans le *Pisonia* , l'un
est de près d'un tiers plus petit. Cela arrive aussi, mais d'une
manière moins remarquable, dans le Chanvre.

117. Les Protophylles se distinguent plus souvent des feuilles
par leur extrême simplicité ; cela vient ordinairement de ce
qu'ils conservent la figure qu'ils avoient dans la Graine.
Il semble que, pour reconnoître cette conformité , il auroit fallu avoir la précaution d'en conserver quelques-unes,
et rapportées par des Étiquettes à celles qu'on auroit semées.
Mais ici, où nous prenons connoissance de ce qui existe ,
sans nous occuper ni des *antécédens* , ni des *conséquens* , nous
ferons remarquer seulement que très-souvent le TEST , ou
Coque de la Graine , reste engagé plus ou moins long-temps à
l'une des extrémités de l'un des Cotylédons. Il donne donc

un moyen facile de juger par approximation quel a dû être le Volume primitif des Protophylles.

On peut donc reconnoître par là qu'il prend un assez grand accroissement dans la Laitue et autres Plantes analogues, comme les Chicorées et le plus grand nombre des Composées, dans les Cucurbitacées, comme les Melons, les Citrouilles, etc.

Quelquefois, sans changer de forme, ils acquièrent un assez grand Volume, comme dans les Sapotillers des pays chauds.

Mais ils augmentent peu dans quelques autres, comme le Soleil, ou *Helianthus annuus;* c'est là sur-tout qu'ils conservent la forme primitive de la Graine.

Aussi arrive-t-il souvent de là, que le Protophylle se distingue des feuilles ordinaires par son épaisseur. Tels sont ceux des Cerisiers et des Pruniers dans les Arbres; ceux des Haricots dans les Herbes. On peut donc facilement distinguer par la Configuration le plus grand nombre des Protophylles des feuilles ordinaires. On peut encore ajouter qu'ils sont très-glabres, ainsi que le Mérithalle ou Tigelle qui les porte, même dans les Plantes *velues,* comme les Borraginées.

Insertion.

118. Ils sont presque toujours opposés. Ainsi leur Tigelle est un Mérithalle *associé.* Par là, on les distingue très-facilement dans les Plantes à feuilles, *isolées* ou *alternes.*

Il en est quelques-unes dont les premières feuilles sont opposées, tandis que les autres sont alternes. L'Orme, parmi les Arbres, est dans ce cas; mais ses Protophylles étant très-simples, tandis que les feuilles sont denticulées, il n'y a pas le moindre doute sur leur Nature.

Le Haricot commun peut présenter quelque embarras. On voit à sa base deux larges feuilles simples, opposées et cordiformes, tandis que les autres sont trifoliées et alternes. On pourroit donc les prendre pour les Protophylles, si l'on n'apercevoit ceux-ci un peu au-dessous.

Mais dans le Haricot écarlate on les cherche en vain; ce n'est qu'en fouillant la Terre qu'on les retrouve : ainsi ils sont *hypogées.* Cependant ces Plantes sont si voisines, que Linné ne les regardoit que comme de simples Variétés l'une de l'autre. Cela suffit pour faire voir que ces deux Modes ne sont pas très-différens l'un de l'autre; nous reviendrons tout-à-l'heure à leur Examen, terminons auparavant celui des Protophylles *épigées*.

Tous ceux que nous avons vus étoient associés et opposés. Je ne connois qu'un cas où il n'y en ait réellement qu'un, c'est celui du *Cyclamen;* il est porté par un Mérithalle très-court et renflé.

Mais ne peut-il pas s'en trouver plus de deux? D'abord dans les Espèces associées on en trouve quelquefois trois et plus, mais c'est par une sorte de monstruosité.

Protophylles verticillés.

119. Cela n'a lieu habituellement que dans la seule famille des Conifères, encore s'y trouve-t-il plusieurs espèces qui suivent la loi commune, comme le *Casuarina ;* mais le Mérithalle se divise constamment en trois Protophylles dans le *Cyprès*, en quatre dans le *Pinus inops*, en cinq dans le *Laricio*, en huit dans le *Pin du nord*, enfin en dix ou douze dans le *Pin cultivé.*

Voilà donc les principales différences que présentent les Protophylles *épigées*.

PROTOPHYLLES HYPOGÉES.

120. Il faudra donc percer le sein de la Terre pour les découvrir ; mais il peut arriver qu'ils se trouvent à sa Surface : dans le fait, le Corps principal de la Graine reste où il est placé ; le Test s'entr'ouvre de manière à laisser pointer la Tige et descendre la Racine. C'est donc à travers qu'on aperçoit les deux bras ou Pétioles des Protophylles.

Nous avons vu qu'ils formoient une masse aglomérée dans l'Hipocastane. Il en est de même dans le Châtaignier; il diffère donc beaucoup par-là du Hêtre, qui cependant a tant d'affinité avec lui, que Linné les a réunis dans le même genre. Ainsi, comme nous venons de le dire, la considération d'*Hypogée* et d'*Epigée* n'est pas d'une grande importance. C'est encore plus évident par les Haricots que nous avons déjà cités, dans lesquels les Protophylles ne se distinguent que par leur Volume. On peut déjà, par ces exemples, entrevoir la cause de leur différence ; car comme ce sont les plus gros qui restent en terre, on peut présumer que c'est leur Pesanteur qui met obstacle à ce qu'ils soient soulevés.

Cette conjecture se trouve confirmée par d'autres exemples. Les Protophylles des Amandes des Noyaux de Pêche et d'Abricot sont *hypogées*, quoiqu'absolument semblables à ceux des Pruniers et Cerisiers, qui sont *Épigées*. On trouvera donc que, dans les Arbres, toutes les Graines massives restent en terre. Telles sont celles des Chênes ou les Glands, les Noix, les Noisettes, etc.

121. Dans les Herbes la même loi s'observe ; mais les Hypogées y sont moins communes ; cependant on en trouve dans les Légumineuses, comme les Féves, les Pois, les Lentilles et les Gesses ; la Fraxinelle, l'Acanthe et la Pivoine sont aussi de ce nombre.

Mais dans toutes ces Plantes la Masse de la Graine est partagée en deux Portions plus ou moins égales. Il n'en est pas de même dans le *Tropæolum* ou Capucine ; car elle est réunie en un seul corps arrondi, cependant toujours attaché par deux bras distincts, en sorte qu'on y reconnoît facilement deux Protophylles opposés.

Nous pourrions citer d'autres Exemples où leur Origine est moins évidente ; mais ce sont des cas très-rares, présentés par des Plantes exotiques disséminées dans la Série végétale. Ils seront exposés plus convenablement dans la Séance de la Germination.

Nous nous bornerons ici à annoncer l'anomalie du *Trapa*, qui consiste dans la grande inégalité de ses Protophylles ; l'un se trouve réduit à une simple Écaille très-petite et *sessile* ; l'autre est une Masse solide *pétiolée*, qui reste engagée dans le Test de la Graine.

Ainsi, tous ces Arbres qui supportent sans abri les rigueurs de notre Climat, portent, la première année de leur existence, les traces de la Graine d'où ils sortent. Elles consistent en deux Feuilles *opposées* dans le plus grand nombre, ou plusieurs, ce qui est plus rare ; alors elles sont *verticillées* ; mais du reste elles sont assez semblables aux autres Protophylles isolés.

122. Mais le Palmier-Dattier, qui végète très-bien au Midi de la France, et dont nous pouvons facilement obtenir la Germination pendant nos Étés, présente une grande différence. Toute la Masse de sa Graine se trouve portée à quelque distance du sol, par un filament cylindrique ; en cherchant son extrémité dans la Terre, on trouve que, s'élargissant subitement, ce filament forme une gaîne ; de sa base sortent des Racines, et de son intérieur les Feuilles se développent successivement. Ce Mode, avec quelques changemens, appar-

tient à tous les Palmiers et à d'autres Arbres des pays chauds.
Il nous seroit encore plus difficile de nous les procurer pour
les examiner; mais il se retrouve sur un assez grand nombre
de Plantes herbacées, non-seulement *indigènes*, mais d'un
usage très-familier.

L'Oignon, entre autres, est dans ce cas : ainsi, comme
dans le Dattier on aperçoit sa Graine toute entière, ou du
moins son Test, portée à une certaine distance du sol par un
filament vert; mais qu'on découvre sa Partie enfouie, on le
trouve blanc; il se termine en un léger renflement; de là
sortent des Racines. Ce filament dans le principe est simple
et ne laisse apercevoir aucune ouverture; mais on ne tarde pas
à découvrir une fente un peu au-dessus de sa base. Bientôt on
en voit sortir une pointe verte qui s'allonge insensiblement;
on la reconnoît facilement pour une feuille : elle se fend
également pour donner naissance à une autre; ainsi de suite.
Ainsi, la partie inférieure du filament primordial est une
Gaîne complète, d'où se développent toutes les autres feuilles.
On ne peut la méconnoître elle-même pour une feuille;
c'est donc un véritable Protophylle; mais il est isolé.
C'est donc le vrai commencement d'une Série de feuilles
alternes.

Nous trouverons un développement à-peu-près pareil dans
la Tulipe; son filament primordial est évidemment une
feuille. Mais dans l'Asperge, le Test de la Graine reste im-
planté latéralement sur le dos d'une Écaille; de celle-ci il en
sort d'autres successivement. Nous reconnoîtrons encore un
Protophylle dans cette Écaille.

Ainsi, que le Test de la Graine soit porté en-dehors par un
filament blanc, comme dans le Dattier, ou vert, comme
dans l'Oignon; qu'il soit sessile sur une Écaille, comme dans
l'Asperge, nous y reconnoîtrons un Protophylle isolé, d'où
toutes les autres feuilles ne peuvent sortir que successivement.

123. Le Blé semble se développer de la même manière. Le
Test de la Graine reste attaché au bas de la Tige. Le Maïs
est dans le même cas; mais comme il est d'un plus gros
Volume, il est plus facile à observer. En enlevant le Test,
on trouve un corps charnu aplati sur un côté; on y remarque
une fente d'où sort une Écaille, et de là successivement des
feuilles; au-dessous, une autre fente donne naissance d'a-
bord à une Racine, ensuite à d'autres distinctes. En exami-

nant plus soigneusement ces Parties dans la Séance de la Germination, nous prouverons que ce Corps charnu est aussi bien un Protophylle ou Cotylédon, que l'intérieur du Marron d'Inde et la feuille primaire de l'Oignon. Il doit suffire pour le moment d'avoir donné une légère idée des différences que présente la Germination.

124. Cependant, pour mieux être en état de découvrir l'origine du Port de certaines Plantes, nous devons parler d'une singularité de Germination, qui n'a été jusqu'à présent remarquée que sur un petit nombre de Plantes. Voici en quoi elle consiste : Dans le *Cotylédon umbilicus*, il sort de la Graine, à l'ordinaire, une Tigelle avec deux Cotylédons ou Protophylles ; mais il ne s'y trouve pas de Plumule ; en sorte qu'elle périroit sans autre élongation : pour la suppléer, la base de la Tigelle se renfle ; il part de là une petite feuille ; elle est suivie de plusieurs autres qui composent un Coursion qui continue la Végétation. Pareille chose a lieu dans *le Delphinium elatum* (observé par Triumpheti), dans le *Berardia* et le *Salvia indica* (observés par Villars), dans la Fumeterre *bulbeuse* (observé par M. Vilmorin). Enfin, dans l'Hièble, quoique la Plumule se développe très-bien, il se trouve néanmoins un renflement pareil, d'où il sort des Tiges souterraines et traçantes.

Nous ne nous occuperons pas encore des Plantes dont les Graines sont si petites qu'on peut difficilement les observer dans leur Origine. Nous les rejeterons plus loin, sous le nom d'Acotylédones. Là, nous jugerons jusqu'à quel point cette Dénomination peut leur convenir.

Les Plantes ayant au moins deux Protophylles opposés, sont les Dicotylédones; elles peuvent être *épigées* ou *hypogées*.

Les Plantes n'en ayant qu'une, sont les Monocotylédones; elles sont toutes *hypogées*.

Des Parties terrestres.

125. Ainsi, la Présence des Protophylles sur un Scion sortant du sein de la terre confond ensemble toutes les Plantes, *ligneuses* ou *herbacées*, *annuelles* ou *vivaces* ; tandis que leur Absence sur une Plante indique déjà qu'elle n'est pas *annuelle*. Mais, demandera-t-on, est-elle *ligneuse* ou *herbacée*? Elle ne peut être dans le premier cas que la première année qu'elle sort d'une ancienne Souche, et cela peut arriver à plusieurs

Arbres, notamment, comme nous l'avons dit, au Tilleul; car, excepté cela, il se trouvera toujours un intermédiaire entre le Scion et la superficie du Sol. Il faut donc pénétrer au-dessous pour découvrir la partie *souterraine* des Plantes. D'après les Notions générales, on pourra croire que l'on ne doit plus rencontrer que les Racines proprement dites; mais c'est une erreur, car l'on trouvera de nouveaux intermédiaires, qu'on ne peut confondre avec elles. Ainsi, dans le Tilleul et autres Arbres arrachés d'une vieille Souche, on rencontre une partie de celle ci.

Il en sera de même des Plantes herbacées vivaces; nous trouverons que leurs Scions seront produits par une Souche, et que c'est à elle qu'elles doivent leur pérennité; pour son examen nous profiterons des connaissances que la Germination vient de nous procurer, en séparant les Monocotylédones des Dicotylédones.

Souche *des Herbes monocotylédones.*

126. Comme nous l'avons vu, les unes sont composées d'un Coursion, c'est un Bulbe, les autres d'un long Scion, c'est un Turion. Nous allons d'abord chercher l'origine du premier; c'est en fouillant la terre que nous y parviendrons.

Du Bulbe.

127. Dans les Coursions dont la base est souterraine, comme l'Oignon et le Jacinthe, on voit que les Feuilles partent d'un Renflement solide assez considérable, de la base duquel il sort des Racines nombreuses et simples; c'est ce qu'on a nommé un Bulbe. En l'examinant comparativement avec quelques autres de différentes grosseurs, on voit qu'il est composé de la base des feuilles qui, comme dans le Palmier, forment une Gaîne. Ce qui frappe le plus dans cet examen, c'est de voir que ces feuilles sont d'un beau *vert* dans toute la Partie aérienne, tandis qu'elle est d'un blanc éclatant dans la Partie enfouie. Si on examine un Porreau, on trouvera sa forme presque cylindrique; mais du reste on verra que la feuille extérieure enveloppe toutes les autres par une Gaîne entière. Il faudra donc l'enlever pour découvrir l'Origine des suivantes, et l'on reconnoîtra qu'elles partent successivement d'une Expansion circulaire presque plane; on l'a distinguée par le nom de *Lecus.* C'est un véritable Scion, qui de

sa Partie inférieure donne des Racines disposées circulaire-
ment, et elles sont presque toujours simples.

Il est facile de trouver ici une grande Analogie entre cette
croissance et celle des Palmiers, car ils portent de même des
Coursions; tout ce qui les distingue, c'est que le Mérithalle
étant extrêmement court dans le Porreau, se porte horizontalement, au lieu que dans le Palmier il monte verticalement.

128. L'Oignon *commun* paroît beaucoup différer au premier coup-d'œil, car il est renflé, et il se trouve recouvert de
Tuniques *membraneuses*, minces et sèches; mais si l'on en
observe à différentes époques, on reconnoîtra facilement
l'identité; tout ce qui constitue leur différence apparente, c'est
que la Gaîne des feuilles d'Oignon se trouve gorgée de sucs
plus abondans; de là, le Renflement : se trouvant ensuite
pressé par la sortie des autres feuilles qui partent successivement de l'intérieur, les premières périssent, se dessèchent,
et leur Lame tombe; mais la Gaîne perdant ses Sucs par la
compression, ou, ce qui est assez vraisemblable, ces Sucs
étant repompés par les parties intérieures, et contribuant
par là à leur développement, elle devient membraneuse.

Dans toutes ces Plantes, quelque rapprochées que soient
ces feuilles à leur origine, elles ont cependant un point
reproductif à leur Aisselle, qui se manifeste par un Bourgeon particulier, on le distingue par le nom de CAYEU.

Dans d'autres espèces, les premières Tuniques ne sont
autre chose que des Gaînes qui dès leur naissance sont privées
de Lame : c'est ce qui a lieu dans la Tulipe.

Il arrive quelquefois que le Plateau est plus considérable,
comme dans le Safran; alors il prend l'apparence d'un Tubercule charnu : comme il n'y a souvent qu'un de ses
Bourgeons qui réussisse, il en résulte qu'il se trouve placé
sur l'ancien. Ce Plateau est donc un véritable Scion composé
de Mérithalles. Le Colchique est à-peu-près dans le même cas.

Dans le Lys, l'Oignon est composé d'Ecailles *embriquées*
et ne se recouvrant pas, parce que leur base, loin de former
une Gaîne, est rétrécie; et comme il y a une distance sensible
entre chacune d'elles, elles sont portées par un axe central
montant, ce qui compose un Scion; mais les Ecailles supérieures s'allongeant, deviennent de véritables feuilles qui composent une Rosette ou Coursion.

129. Les Bulbes examinés sur d'autres Plantes présentent des différences qui paroissent assez considérables;

mais, en les rapprochant les uns des autres, on voit que ce ne sont que de simples modifications. Leur forme dépend du plus ou moins d'Epaisseur des Gaines ou des Ecailles, et du nombre de Bourgeons ou Cayeux qui se manifestent. Souvent il n'y en a qu'un petit nombre, c'est-à-dire moins que de feuilles. Il paroît qu'alors les autres avortent.

Quelquefois ils sont plus nombreux qu'elles ; tels on les voit dans l'Onithogale commun, où ils forment à la base une sorte de Verticille complet ; ils cherchent à s'échapper de tous côtés, et, portés sur des Pédoncules particuliers ou des Mérithalles, ils se jettent à quelque distance de leur origine ; d'autres fois, les Cayeux se développant tout de suite, repompent tous les sucs du Scion primitif, et réduisent toutes ses feuilles en Membranes arides ; c'est ce qui arrive à l'Ail commun, et produit ce que l'on nomme la Gousse.

Cet effet est encore plus remarquable dans certaines Espèces de Tulipes. Il s'y trouve une sorte de Scion souterrain qui va porter à quelques pouces de distance du Bulbe l'origine d'une nouvelle Plante, tandis qu'il se trouve d'autres Cayeux qui restent attachés à l'Aisselle où ils ont pris naissance.

C'est donc au sein de la Terre que, dans toutes ces Plantes, qui appartiennent à la famille des Liliacées, les Bourgeons se préparent et forment des Cayeux ; c'est parce que c'est là seulement que se trouve l'origine de leurs Feuilles, mais il en est un plus petit nombre qui portent des Tiges aériennes garnies de feuilles, comme le Lys. Dans le commun ou *blanc*, les Aisselles ne produisent rien ; mais dans toutes celles de l'Espèce à Fleur *orangée*, il se trouve un Bourgeon renflé en Bulbe ; de là le nom de *Bulbille* qu'on lui a donné, et l'Epithète de *Bulbifère* par laquelle on désigne cette Espèce. C'est un Exemple manifeste qui prouve qu'effectivement tous les Cayeux sont de véritables Bourgeons. *Voy.* art 53.

130. Mais il est d'autres Plantes qui ont tous les caractères extérieurs des Liliacées, dont le Coursion n'est point renflé, à sa base, en Bulbe ; tels sont : l'Asphodèle et l'Hémérocale, ou *Lys jaune*, que de là on a nommé Lys - asphodèle. Il y a toujours un point reproductif à l'Aisselle de leurs feuilles, mais il n'est pas toujours manifeste ; et quand il le devient, il se détache latéralement, perce les Gaines des feuilles qui lui font obstacle, et va porter à quelque distance un nouveau principe. De sa base il sort des Racines ; elles se renflent d'une manière particulière, en prenant la

forme d'un Fuseau ; elles sont gorgées de sucs. Il paroît que toute cette Série de Plantes a besoin d'un Réservoir particulier pour fournir à son Développement.

Dans l'Iris, on trouve une espèce de Souche qui court horizontalement à la surface du Sol, produisant des Racines dans sa partie inférieure, et donnant un Scion terminal et quelques latéraux.

Cette Souche se raccourcit en s'arrondissant, et devient une sorte de Bulbe dans le Glayeul commun qui fait partie de la famille des Iridées; et l'on voit que, comme dans le Safran qui lui appartient encore, cette partie est un véritable Mérithalle.

Mais dans l'Iris distinguée par le nom de *Bulbeuse*, on trouve un Bulbe analogue à celui de l'Oignon, étant composé de Gaînes renflées, privées de Lames.

Ainsi donc, à travers toutes les Variations que nous venons de remarquer, on découvre une habitude générale qui caractérise ce nombreux groupe. Il présente encore quelques autres particularités; mais nous ne pouvons, dans ce moment, nous y arrêter.

Le caractère principal qui distingue les Plantes que nous venons d'observer, c'est que les Mérithalles étant très-courts, il en résulte un Bulbe renflé; dans les autres, ils sont plus longs, il en résulte donc une Tige qui sort du sein de la Terre; c'est un TURION.

LE TURION.

131. Le Turion n'est autre chose que le développement d'un Bourgeon souterrain. Ainsi, dans le Sceau de Salomon, *Polygonatum*, il y a une Souche souterraine qui court horizontalement; elle se prolonge annuellement par un Scion terminal portant des Ecailles au lieu de Feuilles; des unes il sort des Scions latéraux qui restent souterrains; mais d'autres montant perpendiculairement, forment hors de terre une Tige simple, garnie de Feuilles alternes et distiques, mais sans aucun Bourgeon. Périssant tous les ans, elle laisse son empreinte sur la Souche enfouie. On a cru y reconnoître l'apparence d'un Cachet; de là le nom emphatique qu'on lui a donné. Il en résulte donc des Tiges isolées en apparence, mais réunies par leurs bases.

Dans le Muguet, les Scions souterrains produisent des Coursions isolés ou Rosettes.

L'Asperge n'est composée, dans le principe, que d'un

seul Scion montant. Les Ecailles qui se trouvent sur sa
partie enfouie donnent des Bourgeons; ils fournissent ,
l'année suivante, des Tiges particulières qui se développent
tout de suite avec toutes les Ramifications qu'elles doivent
avoir : elle périt dans l'année même, dans l'Espèce commune; mais il en est d'autres où elle persiste plusieurs années
sans augmentation sensible : cette Tige est donc une véritable Ramille. Il en est de même des différentes espèces de
Ruscus, soit le Houx-Frélon , soit le Laurier d'Alexandrie ;
ils forment, de la même manière, des Arbrisseaux qui paroissent ligneux, dont, cependant, la Partie extérieure périt
tout en entier.

Les Salsepareilles , ou *Smilax,* se propagent de la même
manière. Les Ignames, ou *Dioscoræa,* sont encore à-peu-près
dans le même cas; mais leurs Racines, ou plutôt leurs Souches,
se renflent d'une manière particulière; de plus , elles donnent
quelquefois, dans l'Aisselle de leurs Feuilles , des Bourgeons
qui deviennent des Tubercules renflés et solides.

On voit déjà que cette Division des Liliacées s'écarte en
plusieurs points du plus grand nombre des autres; elle a
encore d'autres caractères particuliers; ainsi leurs Feuilles
sont plus sèches; les Nervures sont distribuées différemment,
se trouvant quelquefois ramifiées , comme celles des Dicotylédones ; de plus, dans quelques *Dioscoræas,* elles sont opposées.

Si l'on jugeoit la Famille des Orchidées par les Espèces
qui habitent notre Climat, on leur trouveroit beaucoup de
ressemblance avec les Liliacées dans leur Port ; effectivement, le plus grand nombre est composé d'un Coursion qui
sort de la terre ; à sa base, il se trouve un ou deux Tubercules de Nature particulière, qui ne semblent destinés qu'à
servir de Réservoir alimentaire.

132. Mais les autres Espèces, sur-tout celles des pays
chauds, présentent beaucoup de Variétés dans leur Port,
en sorte qu'on ne pourroit en prendre une juste idée que par
des détails qui deviendroient trop longs.

Je me contenterai de dire que , s'élevant par des nuances ,
elles finissent par acquérir des Tiges persistant plusieurs
années : elles sont garnies de Feuilles *alternes distiques* plus
ou moins *écartées*; mais ce qu'elles présentent de plus singulier, c'est que leurs Racines sont extérieures; elles s'appliquent contre les Arbres , de manière qu'elles y adhèrent forte-

ment ; de là , on les a regardées comme des Plantes *parasites* , c'est-à-dire tirant leur nourriture du sein même des Arbres qui les portent ; mais comme on voit souvent les mêmes Espèces s'attacher pareillement sur les Rochers et y prospérer aussi bien que sur les Troncs, il est évident qu'elles ne peuvent tirer aucune substance nutritive de leur support. Dans quelques Espèces les Feuilles disparoissent et sont remplacées par de simples Ecailles non verdoyantes.

Les Aroïdes, quoique peu nombreuses, présentent de grandes Variations dans leur Port. On y trouve donc des Souches enfouies et *bulbeuses* dans les unes, comme dans les Liliacées ; des Stipes *palmiformes* dans d'autres, comme dans les Palmiers ; mais leurs Feuilles, souvent *sagittées* , se distinguent par les Ramifications de leurs Nervures.

Les Amomées ou Balisiers s'en rapprochent par plusieurs caractères ; ces Plantes ont des Souches souterraines plus ou moins charnues, et souvent *aromatiques*; il en part des Scions qui restent toujours simples : leurs Mérithalles, souvent très-allongés, se distinguent par leur coupe transversale qui est *ovoïde*. On en voit un exemple très-remarquable dans la Canne ou le Jonc élégant des Promeneurs.

Le Chaume.

133. Les Graminées, par leur extérieur, sur-tout par leurs Feuilles allongées et *ensiformes*, se rapprochent des Liliacées ; mais elles en diffèrent d'abord par leur substance plus sèche , mais sur-tout parce que leur origine est extérieure ou aérienne, et que toutes leurs Feuilles portent à leur Aisselle un Bourgeon manifeste.

Quoique leurs Feuilles soient souvent rassemblées à la base, elles ne forment pas de véritables Coursions, seulement elles sont rapprochées ; mais leur Bourgeon se développant tout de suite , il en résulte une grande abondance de nouvelles Tiges qui composent des Gazons très-serrés.

Les Mérithalles paroissent renflés au point d'où part la Feuille ; mais ce renflement provient de la base même de la Feuille ; cependant il arrive à certaine Espèce que le Mérithalle se renfle au point de produire une sorte de Bulbe : il s'en trouve quelquefois plusieurs tellement rapprochés, qu'ils ont l'air de Patenôtres de Chapelet, liées ensemble , dans *l'Avena elatior* ou le Fromental.

Cette forme des Mérithalles donne un aspect particulier

à la Tige des Graminées : on l'a distinguée par le nom de
CHAUME; elle est ordinairement terminée par la Fructification ; mais quelquefois elle s'élève à une assez grande
élévation sans en donner; c'est ordinairement la suite de la
contrariété qu'elles éprouvent de la part du Climat. C'est ce
qui arrive à la Canne à Sucre et au Roseau. Le Chaume
est formé de Feuilles alternes et distiques. Il reste ordinairement simple ; mais il pourroit être rameux, puisque
chaque Feuille a, dans son Aisselle, un véritable Bourgeon. Cela lui arrive plus souvent dans les pays chauds que
dans les tempérés : le Bambou en est un exemple remarquable; il peut rivaliser avec le plus grand nombre des
Arbres par son Elévation : rameux dès sa Base, il présente
l'aspect d'un Panache ondoyant; mais, comme l'Asperge,
il se trouve rameux dès la première sortie de terre; en peu
de mois il acquiert toute son augmentation , et périt tout-
à-la-fois au bout de deux ans, en sorte que sa Tige est une
Ramille gigantesque.

Il est des Espèces, au contraire, dont les Chaumes sont
toujours couchés à la surface du terrain ; de leurs nœuds
il sort de nouvelles Racines qui les attachent au Sol ;
d'autres ont des Courans qui restent souterrains et se prolongent de tous côtés, en produisant à de grandes distances de nouveaux Chaumes; par là ils tendent à s'emparer
exclusivement de tout le terrain. Tel est celui qu'on connoît
généralement sous le nom de Chiendent, et que cette qualité
fait regarder comme un des fléaux de l'Agriculture, quoique
du même Genre que le Froment qui en est la base.

134. Les Souchets, ou Cypéracées, ont été confondus long-
temps avec les Graminées ; ils leur ressemblent effectivement
beaucoup, surtout par la forme et la consistance de leurs
Feuilles ; mais ils ont une Gaine complète : leur Tige
diffère en ce que généralement elle est tout d'une seule
pièce, n'ayant pas d'entre-nœud ; elle est quelquefois *cylindrique*, mais plus souvent *triangulaire* à vive arête ; d'autres
fois *comprimée*; enfin *quadrangulaire*, et même *pentagone.*

Comme les Graminées, ils sont susceptibles de former
des Gazons épais. Ils se propagent habituellement par des
courans souterrains ; il est quelques Espèces qui les prolon-
geant à de grandes distances, semblent affecter une sorte
de régularité dans l'intervalle qu'ils laissent entre chaque
pousse ; tel est le *Carex* des *Sables.*

Quelquefois le Courant se trouve garni d'Ecailles très-rapprochées : les Mérithalles se gonflent; il en résulte un Bulbe d'une nature particulière ; c'est ce qui arrive dans le Souchet *comestible*, et surtout dans celui qu'on a surnommé *Hydra*, parce que de nouveaux Courans sortant des Entrenœuds, il se propage par leur moyen rapidement, et il semble se multiplier en raison des efforts qu'on fait pour le détruire.

Le Jonc semble caractérisé par une forme particulière; car ce nom donne l'idée d'une Plante qui ne consiste que dans une Tige effilée, d'un beau vert sans Feuille, et terminée en pointe plus ou moins aiguë ; mais ce caractère, d'un côté, ne convient qu'au plus petit nombre des véritables Joncs; et de l'autre, se retrouve dans quelques Souchets, tandis que d'autres espèces se confondent par leur extérieur, soit avec les Graminées, soit avec les Liliacées.

Ainsi donc dans ces deux séries de Plantes Monocotylédones la Végétation s'opère sous terre d'une manière entièrement analogue à celle qui a lieu à sa surface dans les autres. Toute leur différence provient du plus ou du moins d'Elongation du Mérithalle. Il faut maintenant revenir aux Dicotylédones herbacées.

Souche *des Herbes dicotylédones.*

135. Le Cyclamen est composé, comme les Oignons, d'une touffe de Feuilles qui sortent du sein de la terre ; il faut donc la fouiller pour trouver leur point de réunion ; alors on les voit partir d'une masse charnue et solide, arrondie. Dans une espèce, le Cyclamen d'Italie, les Racines sortent de la partie supérieure du Bulbe, et dans celui d'Alep de la partie inférieure. On trouve sur le même Tubercule plusieurs points de réunion, qui donnent donc chacun un Coursion ; mais ils restent attachés à leur place.

Les Feuilles étant rétrécies à la base en un long Pétiole étroit, laissent à nu ce Bulbe : c'est déjà une grande différence avec les Bulbes des Liliacées, dont les Tuniques proviennent des bases des Feuilles. On en trouvera d'autres plus essentielles en pénétrant l'intérieur.

Il est d'autres Plantes à Coursion, dont il faut de même chercher en terre l'origine. On la trouve sur le sommet de la Racine, à une certaine profondeur au-dessous de la superficie : tel est l'*Eryngium* ou Panicant. Il ne se trouve ordinairement qu'un seul Coursion ; mais il peut y en avoir plusieurs.

C'est ce qui arrive à un grand nombre d'autres Plantes. Du sommet d'une Racine pivotante il part plusieurs Scions : tant qu'ils traversent la terre ils ne sont garnis que d'Ecailles blanchâtres et succulentes ; mais elles sont placées dans le même ordre que sur les parties aériennes, c'est-à-dire, opposées ou alternes : à leur aisselle se trouve un Bourgeon. Enfin le Scion souterrain parvient à la superficie, alors les Mérithalles peuvent se raccourcir au point de former un Coursion.

Plus souvent, le Scion continuant à s'élancer, produit des Feuilles écartées ; mais à peine celles-ci ont-elles gagné la superficie, qu'elles reprennent leur dimension et leur forme ordinaire, et surtout leur verdure. Cela est remarquable dans la Garance : tant que les Scions traversent la terre, ils sont succulens et imbus d'un suc coloré en rouge ; parvenus à la surface, ils deviennent verts.

LE TUBERCULE.

136. Dans le Topinambour, les Bourgeons qui partent des Ecailles souterraines se développent tout de suite en un Scion garni de ses nouvelles Ecailles : il s'arrête à peu de distance de son origine ; comme les Sucs y abondent, il se renfle au point de devenir un Tubercule charnu, mais hérissé par des Ecailles nombreuses.

Les Scions qui sortent en dehors s'élançant rapidement, donnent une Tige élevée, et elle paroît absolument semblable à celle de *l'Helianthus* ou Soleil annuel.

La Pomme de terre, ou *Solanum tuberosum,* a une croissance à-peu-près semblable : ayant également des Ecailles *souterraines,* d'où il part tout de suite des Scions garnis d'Ecailles, ils s'allongent plus ou moins ; mais à une certaine distance le sommet se renfle insensiblement, l'extrémité se trouve arrêtée, parce qu'elle se recourbe ; il en résulte un petit Tubercule garni d'un certain nombre d'Ecailles ; il grossit par l'abondance de Sucs qui affluent. Au bout d'un certain espace de temps, les Ecailles disparoissent, mais à leur place il se trouve une dépression particulière. Au-dessous des Ecailles, d'où sortent les Tubercules, il part des Racines plus ou moins abondantes. On voit souvent partir, des Feuilles extérieures, des Scions absolument semblables aux souterrains ; ils sont garnis pareillement d'Ecailles ; mais après qu'un certain nombre s'est développé, elles deviennent de véritables feuilles. Quelquefois on voit que le Scion souterrain, après avoir déterminé l'origine d'un Tubercule, continue et vient gagner la superficie ; alors il donne des feuilles *vertes*.

Il arrive que quelques *variétés* portent dans l'aisselle de leurs Feuilles *aériennes*, des Tubercules absolument semblables aux *terrestres* ; mais ils ont une teinte verte.

La Patate, qui est une espèce de Liseron à Tige traînante, ou *Convolvulus*, donne également des Tubercules charnus, qui doivent leur origine à des Scions souterrains.

137. On voit par là que ces trois Tubercules, connus par l'usage qu'on en fait comme Alimens, ne sont pas réellement des Racines ou des parties descendantes, mais bien des Scions susceptibles de devenir *aériens*. On trouve quelques autres Tubercules dans les Dicotylédones ; mais comme leur usage est moins étendu, ils sont moins connus : tels sont ceux de la Gesse tubéreuse. Ils doivent encore leur origine à des Scions latéraux ; mais ils se renflent de distance en distance, en sorte que ce sont des nodosités particulières.

Quelquefois il part à-la-fois de toutes les Aisselles des feuilles radicales un grand nombre de GRUMEAUX, qui présentent l'aspect d'un faisceau de Graines ; ils diffèrent des Tubercules que nous venons d'examiner, en ce qu'ils ne contiennent qu'un seul Bourgeon : ils se font remarquer dans la Ficaire ou petite Chélidoine, et surtout dans la Saxifrage, qui de là a pris le surnom de *granulée*.

Toutes ces masses charnues souterraines, sont donc accompagnées de filamens radicaux, qui pénètrent plus profondément qu'elles en terre ; elles se manifestent au-dehors par l'émission de Feuilles, isolées dans un petit nombre, leur point d'attache restant enfoui, mais réunies et supportées par des Mérithalles, et formant des Scions, dans les autres : c'est par là qu'elles diffèrent entre elles.

138. Les Scions souterrains latéraux se prolongent souvent tout de suite horizontalement ; ce sont des COURANS comme dans l'Asphodèle : leurs Ecailles ayant des Bourgeons, peuvent produire de nouveaux Scions ; ils sont souvent latéraux, et continuent à former des Courans ; mais s'ils montent perpendiculairement, ils deviennent l'origine d'une Tige montante, il en résulte de nouvelles Plantes qui paroissent isolées, et souvent portées à une grande distance de leur naissance : on reconnoît plus ou moins long-temps leur communication ; mais elle finit par perdre sa vitalité, et alors elle ne tarde pas à se pourrir et à disparoître.

De la base de chaque Scion montant il part des Racines qui portent directement à la nouvelle Plante l'aliment dont elle a besoin. On voit donc que dans ces Courans il se passe sous terre la même chose qui a lieu dans la formation des Tiges couchées ou Coulans des Fraisiers.

On retrouve de pareilles Tiges courantes, souterraines, dans l'Hièble ou Sureau herbacé, ainsi que dans un grand nombre d'autres Plantes où elles s'étendent quelquefois à une assez grande distance : c'est ce qu'on remarque dans l'Asclépiade de Syrie ou Herbe à la Houate.

On est étonné de leur voir ainsi percer la terre ; il faut remarquer que l'extrémité du Scion est une espèce de Bourgeon renflé, dans lequel les Ecailles, serrées entre elles, forment une pointe aiguë et assez ferme. Aucune de ces parties souterraines ne doit donc être confondue avec les Racines ; car elles font réellement partie de l'Elongation aérienne, et elles peuvent devenir telles, toutes les fois que les accidens ou les opérations de l'art les exposent au grand air.

Ainsi donc, dans toutes ces Plantes *herbacées vivaces*, il se trouve un intermédiaire entre le Scion et les Racines proprement dites ; mais il diffère de celui des Arbres et autres plantes ligneuses, en ce que toute la partie qui sort de terre périssant tous les ans, il se trouve réduit à une Souche souterraine plus ou moins courte. C'est donc de sa base que partent les véritables Racines : nous voilà donc enfin ramené à leur examen. Mais avant de le commencer il faut s'assurer si cet Intermédiaire est assez bien caractérisé pour distinguer les parties *aériennes* des *souterraines :* en un mot, si ce qu'on nomme le COLLET, existe.

Existe-t-il un COLLET ?

139. Nous avons vu que toutes les Plantes *herbacées monocotylédones*, les Graminées excepté, produisent une Souche souterraine ; mais elle est Bulbe ou Turion, suivant que l'allongement des Mérithalles l'écarte plus ou moins de son point de départ, ou du lieu où étoit située la Graine, et comme on l'a vu, elles sont toutes *hypogées*. Les Graminées le sont pareillement, mais leur premier Mérithalle s'allongeant à raison de l'espace qui sépare la Graine de la superficie du sol, y porte la première Feuille, et par conséquent son premier Bourgeon. Celui-ci donne successivement naissance à d'autres Feuilles ; mais leurs Mérithalles restant courts et couchés,

déterminent par le Tallement un Gazon. Cependant quelques
espèces s'élancent tout de suite, et ne produisent qu'un seul
Chaume, comme le Millet et le Maïs. Aussi, du petit au grand,
ressemblent-ils pour leur croissance aux Palmiers. On voit
par là que le mode de germination hypogée détermine aussi
bien une Souche *souterraine* qu'une Tige *aérienne*.

Les Plantes Dicotylédones réunissent, comme nous l'avons
vu, les deux modes, et l'on voit par l'analogie comment les
hypogées peuvent produire une Souche souterraine ; mais
dans les Herbes c'est le plus petit nombre qui se trouve
dans ce cas : la Pivoine et l'Acanthe en font partie, et elles
ont une Souche courte qui ne s'écarte pas beaucoup de son origine ; ainsi elle aura rapport aux Bulbes ; tandis que la Fraxinelle ayant une Tige souterraine ascendante, munie d'Écailles
écartées, ressemblera aux Turions.

Mais il arrive plus souvent que les Cotylédons *hypogées*
donnent naissance à une Tige élancée, comme on le voit
dans l'Hipocastane et autres Arbres, et dans quelques Herbes,
comme le Haricot écarlate et autres Légumineuses.

140. Il semble au contraire qu'on ne devroit attendre que
des Tiges *aériennes* des Cotylédons *épigées;* car leurs Tigelles
portent à la superficie et même au-dessus, les Protophylles, dont
elles sont les Mérithalles, pour y commencer à ciel ouvert,
soit des Coursions, soit de longs Scions.

Cependant, dans le Cyclamen, le Mérithalle du Protophylle étant très-court ne peut gagner la superficie : restant
donc enfoui, il commence par un renflement, une sorte de
Bulbe ou de Tubercule.

C'est ici le lieu de revenir à l'examen des singularités de
Germination exposées à l'article 119. Là, nous avons vu que
de la base de la Tigelle *oblitérée* de quelques Plantes, il sortoit un renflement qui la remplaçoit ; il devient évidemment
l'origine d'un Coursion dans le Cotylédon *ombiliqué*, et l'on
peut croire que le Tubercule si singulier de la Fumeterre
bulbeuse en provient ; mais dans les trois autres Plantes citées, le *Delphinium elatum*, le *Salvia indica* et le *Berardia*,
on n'a encore rien remarqué de pareil, tandis que dans
l'Hièble il sort de ce point un Courant souterrain qui va se
prolonger au loin, quoique la Tigelle se maintienne. Le
Chardon des champs, *Serratula arvensis*, est absolument dans
le même cas ; mais, de plus, il se manifeste d'autres points
reproductifs de distance en distance sur toute la longueur du

Pivot. D'après cela , on ne doit pas être surpris de voir cette Plante se multiplier si rapidement dans les guérêts qu'elle infeste. On peut présumer que les autres Tubercules qu'on remarque sur d'autres Herbes dicotylédones sont produits par une cause semblable. J'en ai déjà presque acquis la certitude pour la Ficaire et d'autres Renoncules , la *Bulbeuse* , entre autres. On trouvera sans doute une origine pareille à la singulière tubérosité qui donne son nom au *Bulbocastanum*, et l'on peut entrevoir qu'il reste à faire sur ce sujet plusieurs découvertes importantes.

Ce n'est donc qu'accidentellement que le foyer de la Végétation se maintient près de son origine; car si peu que ce soit, il est certain qu'il s'en écarte toujours. On ne peut donc y reconnoître ce point mystérieux qui sépare les parties *aériennes* des *terrestres*. Ainsi ce qu'on a nommé le COLLET n'existe sur aucune Plante : surtout, il ne faut pas le chercher à l'Aisselle des Protophylles; car, comme nous l'avons vu dans l'Hipocastane, de nombreuses Racines sortent au-dessus, et plus d'une fois on voit périr toutes celles qui sont au-dessous, ainsi elles suffisent pour nourrir l'Arbre. Cela paroît arriver habituellement au Nelumbo ; car je me range du côté de ceux qui le regardent comme Dicotylédone. Il en est de même des Poivriers. Quatre espèces que j'ai vu germer, ne m'ont laissé aucun doute sur leurs deux Protophylles, au-dessous desquels on ne trouve aucune trace qui puisse faire soupçonner que la Graine ait été attachée plus bas.

LA RACINE.

141. La RACINE paroît dès le commencement de la Germination ; elle tend à s'enfoncer perpendiculairement , tandis que la Plumule s'élance dans le sens opposé ; et l'on croit assez généralement que le point de partage entre ces deux mouvemens opposés se trouve entre les deux Cotylédons. C'est donc là ce qu'on a nommé le COLLET ; mais nous venons de voir que c'est un Être de raison; nous reviendrons dans la Séance suivante sur cette question.

En examinant l'intérieur on voit facilement que dans le premier moment de l'existence des Plantes, leurs Racines présentent très-peu de différence entre elles; alors donc les Herbes les plus fugaces se confondent avec les Arbres les plus vivaces : dans les unes comme dans les autres on distingue un Axe central qui tend à se prolonger indéfiniment en donnant des Rameaux latéraux.

Mais dans quelques Herbes il ne tarde pas à s'arrêter; au lieu que dans les autres, ainsi que dans les Arbres, il continue à s'enfoncer de plus en plus; c'est ce qu'on nomme le Pivot. Ainsi rien ne distingue les Arbres des Herbes la première année de leur existence; mais à mesure qu'ils s'élèvent, leurs Racines reçoivent une augmentation proportionnée au développement extérieur. Ainsi, le Rameau ou l'Arbre, à sa seconde année, en a une plus considérable que le Scion, ainsi de suite. Comme cette augmentation arrive insensiblement, on ne peut par aucun signe extérieur reconnoître ses différens Périodes. C'est en cela surtout, que la Racine diffère des parties extérieures.

142. Le Pivot forme bien un Axe central, mais opposé à celui de l'Arbre extérieur. Il fournit des Racines latérales, qui courent plus ou moins parallèlement à la surface du Sol; mais elles partent isolément, et ne sont jamais opposées; elles se divisent plus ou moins en raison de l'âge de la Plante, jusqu'à ce qu'elles parviennent aux dernières Ramifications qu'on a nommées Chevelu, à raison de leur ténuité, la comparant à des Cheveux. Les Racines ont en général un aspect plus succulent que les Élongations extérieures; elles sont ordinairement de couleur rembrunie, les plus jeunes peuvent être blanches, mais jamais vertes.

Du Chevelu.

143. Ainsi, quelles que soient les différences que présentent les Racines des Plantes ligneuses, elles se ressemblent par leur extrémité; c'est, comme nous l'avons dit, art. 24, un fil plus ou moins délié, que de sa forme on a nommé Chevelu. La première Racine qui sort de la Graine par la Germination est donc un Chevelu; et quelqu'énormes que paroissent les Racines d'un Chêne séculaire, toutes leurs parties ont passé par cet état, comme leur Tronc par celui de Scion.

Ils sont blancs pour l'ordinaire, très-souvent ils sont couverts de Poils soyeux très-abondans, excepté une portion de la pointe, qui est toujours *glabre* et *lisse;* ce qui prouve que ces Poils se développent successivement; mais aussi ils ne tardent pas à disparoître à mesure que la Racine croît en diamètre. Nous retrouvons la même disposition dans les Herbes.

Sur leur superficie on remarque des Pores absolument semblables à ceux qui se trouvent sur l'Écorce extérieure, ou les Pores *corticaux;* comme ceux-ci, ils sont circulaires

sur les jeunes Rameaux, mais ils s'allongent horizontalement à raison du diamètre.

Ceux du *Sophora* sont remarquables en ce que les Parois
de la Fente présentent plusieurs Couches superposées, qui
ressemblent aux feuillets d'un livre. Il paroît que c'est l'extrémité des Couches annuelles composant l'Epiphlose, qui
se manifestent ainsi.

Dans les Arbrisseaux, tels que le Sureau, les Racines
sont presque toutes horizontales, parce que le Pivot ne
tarde pas à s'oblitérer.

Il est quelques Arbres, tels que le Prunier, le *Robinia*
ou Faux - Acacia, l'*Aylanthus* ou Vernis du Japon, dans
lesquels les Racines, après avoir couru entre deux terres,
viennent se manifester à la surface, en y produisant un
Scion, qui peut devenir l'origine d'un nouvel Arbre.

Les Palmiers et autres Arbres *monocotylédones* n'ont pas
ordinairement de Pivot; cependant, dans leur jeunesse,
quelques-uns, comme le Dattier, en ont de très-bien caractérisés; en général, leurs Racines sont moins ramifiées que
celles des Dicotylédones.

DES RACINES DES HERBES.

144. Les Racines des Herbes sont donc entièrement semblables à celles des Arbres, leur extrémité est de même un
Chevelu, et comme il ne diffère des Racines que par ses embranchemens, il se maintient donc tel, tant qu'il reste simple.
C'est ce qui lui arrive dans un grand nombre de Monocotylédones, comme les Oignons ; mais plus souvent il est susceptible de se ramifier ; pour l'ordinaire, c'est en courant horisontalement, parce que le Pivot s'oblitère : c'est ce qui arrive
au plus grand nombre des Graminées.

Mais dans toutes les Herbes à Coursion ou Rosette simple
le Pivot se maintient et descend souvent à une grande profondeur.

Il en est de même de plusieurs Gazons, comme la *Statice.*

Quelquefois le Pivot se renfle d'une manière particulière ;
ainsi, le Coursion de la Carotte se trouve porté par une
Racine pivotante, qui a l'apparence d'un Fuseau, ayant
son plus grand Renflement un peu au-dessous du Sommet,
et diminuant insensiblement jusqu'à la Base.

Dans le Navet, la forme toujours oblongue est plus arrondie ; dans le Turneps ou Rave , elle est plus courte, et elle a un peu l'aspect d'une Toupie.

Le Raifort ou petite Rave, a tantôt la forme oblongue de la Carotte, tantôt elle est globuleuse et forme les Radis ; mais alors elle est entièrement hors de terre.

Cette singularité est encore plus remarquable dans le Chou-Navet , où la Plante n'a pour Tige qu'une Tubérosité.

On pourroit déjà , par ces deux derniers exemples , reconnoître que ce Renflement n'appartient pas réellement à la Racine ; car se trouvant entre les Protophylles et la surface du sol , il est évident qu'il provient de la Tigelle ou partie montante ; l'inspection de leur intérieur fera mieux reconnoître leur nature, ainsi que celle de toutes les autres singularités que nous venons d'observer. Mais il est des Racines réelles qui sont susceptibles de prendre un grand Accroissement en diamètre : de ce nombre est la Brione, et surtout le Manioque, qui , dans les pays chauds, est d'une si grande utilité.

D'autres fois, plusieurs Racines partant d'un même point, en divergeant, forment des espèces de Digitation ; de là les Griffes de Renoncule ; elles sont plus volumineuses dans la Pivoine.

Quelquefois elles sont alternativement renflées et rétrécies ; alors on trouve des Tubercules arrondis portés sur de longs filamens : c'est de là que la Filipendule a pris son nom.

Sur quelques Racines on trouve des Nodosités plus ou moins renflées et isolées ; c'est sur-tout à différentes Légumineuses que cela arrive , entre autres à *l'Ornithopus*.

Singularités des Racines.

145. Il semble que le principal caractère de la Racine est de se développer dans le sein de la terre ; cependant, comme nous l'avons dit au sujet des Orchidées, il est un grand nombre de ces Plantes, dans les pays chauds, dont les Racines se développent au grand air , et s'attachent sur le Tronc des Arbres ; de là, le nom d'*Epidendre* qu'on leur donne.

Dans nos Climats, nous voyons le Lierre , partant du sein de la terre, attacher pareillement sa Tige foible au Tronc des Arbres ou le long des Murs , par de nombreuses Racines latérales qui sortent de ses Scions ; la Bignone , dite *radicante*, de cette Faculté, présente le même Phénomène.

146. La Cuscute, dans son principe, est pareillement attachée à la terre par une Racine; mais dès que sa tige foible a pu gagner une Plante voisine, elle y enfonce dans son écorce des Racines courtes en forme de Suçoirs, par le moyen desquelles elle y puise son Aliment; alors la primordiale terrestre devenant inutile, périt; ainsi elle devient réellement *parasite*.

147. Le Gui naît tel; ses Racines ne peuvent se développer et prospérer que lorsqu'elles se trouvent placées sur l'écorce de certaines espèces d'Arbres : elles y pénètrent, et alors cette Plante s'identifie avec son support, et ne semble plus faire qu'un seul corps avec lui.

D'autres Plantes sont plus obscurément *parasites*, car c'est au sein même de la Terre que leurs Racines vont chercher celles de quelques Plantes particulières pour se développer; telles sont les Orobanches.

On a vu que dans les Coulans de Fraisiers et autres, les Racines sortoient directement de la base du nouveau Scion pour s'attacher tout de suite à la terre; d'autres fois l'extrémité des tiges foibles, comme celles de Pervenche et de Ronce, touchant la superficie du sol, s'y attachent par des Racines extérieures. Quelques Fougères sont dans le même cas.

Dans les pays équatoriaux on voit quelques Arbres qui de leurs branches les plus élevées laissent descendre des Racines qui vont les attacher au sol. C'est par un tel moyen que le Figuier des Indes parvient à former une forêt d'un seul Arbre. De la base du Stipe, des Vaquois et de quelques Palmiers, il sort pareillement des Racines qui, semblables aux haubans des mâts, vont les attacher au sol. Les Mangliers se trouvent portés sur des arcades de Racines à la surface des eaux marines peu profondes. Enfin, dans le Cyprès distique, les Racines horizontales portent des protubérances singulières, verticales.

Mais hormis ces cas et quelques autres, qui, comparés à l'ensemble du Règne *végétal*, ne sont que des exceptions très-rares, la Racine est destinée à se développer dans le sein de la Terre ou bien dans l'Eau.

Plantes Aquatiques.

148. On sait qu'il y a une assez grande quantité de Plantes qui semblent destinées à étendre l'empire du Règne végétal

jusque dans cet Elément. On les nomme *aquatiques*, par opposition au nom de *terrestres*, qu'on donne aux autres ; mais quoique la surface de l'Eau soit aussi étendue que celle de la Terre, leurs espèces sont beaucoup moins nombreuses.

Les unes peuvent être regardées comme les seules vraiment *aquatiques*, parce qu'elles prennent tout leur développement et l'accroissement dont elles sont susceptibles dans le sein même de l'Eau. De ce nombre sont les Varecs et les Conferves. Nous n'en parlerons que plus bas, en traitant des Agames.

Au lieu que les autres ont besoin de venir à la surface se mettre en contact avec l'air.

Mais la plupart se trouvent mêlées dans la Série générale, sans qu'aucun autre caractère aide à les tirer de la foule. Ainsi des exemples nombreux prouvent que beaucoup de Plantes qui ne paroissent destinées qu'à vivre sur les terrains les plus secs, se trouvant placées près d'un réservoir constant d'humidité, finissent par s'habituer à leur situation ; mais, à leur simple aspect, on aperçoit le résultat de la contrainte qu'elles éprouvent : c'est une augmentation dans toutes leurs parties, qu'on peut comparer à la Pléthore des Animaux. Le contraire a lieu sur les Plantes vraiment *aquatiques* transportées dans un lieu sec. Il n'est donné qu'à un petit nombre d'espèces de prospérer également bien dans les deux situations ; de-là le surnom d'*amphibie* donné à une Persicaire et à un Sisymbre, qui sont dans ce cas.

On voit par là que la propriété qui rend une plante *aquatique* ou *terrestre* tient à bien peu de chose ; aussi trouve-t-on dans le plus grand nombre des Groupes les mieux circonscrits, ou les Familles naturelles, quelques Plantes aquatiques jetées parmi les autres : elles se trouvent même dans les Genres les plus serrés, dont le reste est terrestre. Ainsi on voit le Cresson dans les Crucifères, la Berle et l'Hydrocotyle dans les Ombellifères, les Renoncules dans les Ranunculacées, etc. Il est vrai que quelques Plantes *aquatiques* forment exclusivement les deux Familles des Nayades et des Morènes ; mais c'est plutôt pour leur accorder une place que par conviction d'une véritable affinité ; et les transfuges qui s'en échappent de temps en temps, comme le *Trapa* et le *Myriophyllum*, réduisent de plus en plus leur nombre.

Ce n'est donc que par quelques modifications que les Plantes aquatiques se distinguent des terrestres, d'abord

par leurs Feuilles, ensuite par leurs Racines. Par les Feuilles :
dans les unes, elles viennent toutes se rendre à la surface de
l'eau, quelle que soit sa profondeur, comme dans le Nénuphar. Là, elle se trouve étalée et flotte au gré du liquide,

Des deux surfaces qui la composent (art. 28), une seule, la
supérieure, peut recevoir l'impression de l'air ; elle est lisse et
comme vernissée, au point qu'elle repousse le contact de l'Eau ;
ainsi, elle reste donc sèche au milieu de l'humidité, au lieu que
l'*inférieure*, y restant toujours plongée, en est imbibée.

D'autres fois les Feuilles garnissant des Tiges plus ou
moins longues, les supérieures seules arrivent à la surface,
et jouissent des propriétés de celle du Nénuphar ; les autres
restent toujours plongées. Ainsi les deux surfaces sont également susceptibles de recevoir l'eau. Cette position leur donne
une sorte de transparence : c'est ce qu'on peut remarquer
dans le *Potamogeton natans*, ou Épi d'eau. D'autres fois ces
Feuilles plongées sont découpées singulièrement ; elles semblent être réduites aux simples Nervures. Si celles-ci restent
réunies, il en résulte le singulier grillage de l'*Ouvirandra*,
dont il a été parlé article 35 ; mais, excepté ce cas, ces Nervures restent isolées comme dans la Renoncule *aquatique*,
citée art. 31, et le *Trapa natans*. Quelquefois on remarque
sur quelques-unes des renflemens particuliers, dans l'Utri-
culaire, qui de là tire son nom, l'*Aldrovanda* et quelques
autres. Il semble que par cet effilement, ces Feuilles se rapprochent des Racines et participent à leur Nature ; ce qui
nous ramène à considérer les changemens que celles-ci peuvent éprouver.

Le plus grand nombre des Plantes *aquatiques* se fixent soit
au fond même du Liquide, soit sur ses bords, par une
Racine enterrée ; mais elles en émettent d'autres dans l'espace
submergé. Ce phénomène est très-remarquable dans la
Renoncule *aquatique*. Dans le *Jussiœa natans* et d'autres,
elles se gonflent d'une manière particulière, et ressemblent
par-là aux renflemens des Feuilles dont nous venons de
parler. Etant, dans les unes comme dans les autres, remplies
d'air, elles soutiennent les Plantes qui en sont douées.

149. Les Racines aquatiques se distinguent des *terrestres*
en ce qu'elles s'étendent en lignes très-droites, au lieu que
les autres sont plus ou moins *fléchies* ou *ondulées*. Cela vient
de ce que les premières se trouvant dans un liquide parfaite-

ment *homogène*, n'éprouvent pas d'obstacle pour leur extension, ce qui n'a pas lieu dans les secondes.

Cela arrive aussi aux Plantes les plus décidément Terrestres, lorsque par leur position elles se trouvent près d'un Réservoir d'Eau. Sitôt que leurs Racines y parviennent, elles s'y étendent rapidement en longs Filamens d'une régularité parfaite. Ils forment ce qu'on nomme *Queue de Renard*.

150. Enfin il se trouve un petit nombre de Plantes aquatiques qui flottent librement, leurs Racines étant absolument détachées : telle est, entre autres, la Lentille d'eau, qui couvre pendant l'été toutes nos eaux dormantes. Dans ce cas, l'extrémité de la Racine semble sortir d'une sorte de coiffe qui forme un éteignoir renversé.

Mais dans une espèce cette racine manque : de là elle a pris le nom d'*Arrhiza*. Ainsi donc elle ne consiste que dans une seule Feuille. Dans ce Genre, le Mérithalle se trouve confondu avec la Feuille : c'est d'elle seule aussi que sort le Bourgeon et la Fleur, quand il y en a.

Hors ce cas, la terminaison des Racines est assez uniforme : elle consiste dans une pointe mousse ou conique assez courte.

Terminaison de la Plante.

151. A tel degré que soit parvenu la Végétation, on retrouve toujours la même TERMINAISON dans les Racines ; ce qui semble indiquer que le Chevelu est toujours disposé à se prolonger plus loin, et que ce n'est jamais par lui que la plante s'arrête dans sa marche descendante ou *terrestre*.

Par sa position il paraît être l'opposé de la Feuille, car celle-ci passe par la terminaison *aérienne*. Effectivement, il arrive très-souvent que l'extrémité de la Nervure se trouvant occuper le sommet d'un Arbre ou d'une Herbe, est la partie la plus éloignée de la pointe du Chevelu qui termine l'extrémité du Pivot.

Mais si l'on considère la Feuille d'abord en elle-même, on verra que, parvenue à un certain degré d'étendue, elle reste absolument *stationnaire*, en sorte qu'elle ne reçoit plus d'augmentation jusqu'à ce qu'à un temps plus ou moins éloigné elle tombe toute entière.

Alors, si la Feuille étoit réellement la Terminaison *aérienne*, la Plante seroit arrêtée au point de la séparation ; mais cela ne lui arrive jamais, excepté pour quelques cas particuliers : pour l'ordinaire elle est placée latéralement sur le Scion, en sorte qu'elle en a une ou plusieurs au-dessus d'elle.

Mais la dernière développée a immédiatement au-dessus d'elle un Bourgeon; or nous avons vu que les Ecailles qui le composent ne sont autre chose qu'une transformation des Feuilles, et qu'elles renferment une suite de véritables Feuilles.

Sur d'autres Plantes, comme la Viorne, on voit des Feuilles dans leur état naturel : en sorte donc qu'à telle époque de l'année qu'on examine une Plante, sa Terminaison *aérienne* promet une continuation.

Il semble donc que la Plante la plus foible a la faculté de se prolonger indéfiniment par son extrémité supérieure. Les Palmiers montrent jusqu'à quel point cela peut avoir lieu. Il est certain que quelques-uns d'entre eux parviennent à une élévation prodigieuse de deux cents pieds, suivant le récit de quelques voyageurs; et cependant leur faculté d'Élongation paroît encore dans toute sa force. Leur carrière ne se trouve terminée subitement que par des causes étrangères auxquelles leur prodigieuse élévation les met en butte.

Mais il n'en résulte qu'un Tronc de la plus grande simplicité. Pour qu'il se ramifie, il faut donc un nouveau principe; il existe dans le Bourgeon qui se manifeste à l'aisselle de chaque Feuille; et comme le *Terminal,* il est susceptible de se développer indéfiniment.

Il n'est donc pas une Plante, c'est-à-dire de celles dont les Feuilles et les Racines sont manifestes, qui ne paroisse destinée à prolonger son existence sans bornes.

Une seule cause naturelle vient l'arrêter; c'est lorsque la Feuille, enveloppant son Bourgeon, concentre en elle-même toute sa postérité : c'est la FLORAISON.

PHANÉROGAMIE.

152. Les Fleurs viennent donc changer l'aspect des Plantes. Nous devons dire ici seulement, que deux parties principales les composent, l'ETAMINE et le PISTIL, et l'on a prouvé que l'Etamine correspondoit au SEXE *masculin* dans les Animaux, et le Pistil au SEXE *féminin.*

La Floraison a donc été désignée par le nom allégorique de Noces des Plantes. Elles sont manifestes dans les Plantes que nous venons d'examiner; mais comme on a entrevu que la Nature étoit conséquente dans toutes ses œuvres, ou a cru que lorsqu'il se trouvoit quelque interruption dans la série de ses productions, c'étoit parce qu'elle en cachoit la continuation sous une modification particulière.

Ainsi, quoique la portion du Règne *végétal* que nous avons indiquée sous le nom d'Acotylédone, ne présente rien qui ressemble aux Etamines et Pistils, on les a regardée néanmoins comme soumises à la loi des Sexes, et on a cru que leurs Noces se célébroient dans l'ombre du Mystère : c'est ce que Linné a exprimé par le nom de CRYPTOGAMIE ou Mariage *clandestin*, de κρυπλος *caché*, et Γαμος, *Noce*. La première Série devoit être distinguée par un nom analogue ; mais ce n'est que long-temps après, qu'on lui a appliqué celui de PHANÉROGAMIE, de Φανηρος, *apparent*.

153. Le Fruit est la suite de la Fleur ; il contient la Graine : dans celle-ci se trouve le Germe, il y reste plus ou moins long-temps *stationnaire*, jusqu'à ce qu'il trouve des circonstances propres à son développement : c'est la Germination.

Nous avons vu qu'elle présentoit deux modes généraux : dans l'un, deux Feuilles opposées servoient de berceau à toute la Plante : que dans les unes elles étoient sessiles, et dans les autres elles étoient portées par un Mérithalle commun : ce sont les Dicotylédones.

Dans l'autre, une seule Feuille toujours sessile, enveloppoit la succession de toutes les autres qui devoient se développer par la suite : ce sont les Monocotylédones.

Dans les unes comme dans les autres, la Plante consiste dans la Feuille, le Mérithalle et la Racine.

DICOTYLÉDONES.

154. Dans les Dicotylédones, le Mérithalle peut produire une seule Feuille, ou deux et plusieurs : c'est-à-dire qu'elles sont *alternes*, *opposées* ou *verticillées*.

Dans leurs aisselles, il se trouve un point reproductif, manifeste : c'est un Bourgeon. Il peut rester *stationnaire* ou se développer tout de suite en Ramilles. Les Bourgeons stationnaires sont *aériens* ou *souterrains*. Des premiers il résulte des Arbres ou Arbustes ; des seconds, des Herbes *vivaces*.

Des Ramilles sortent, soit des Herbes *annuelles*, soit des Arbres.

Leurs Feuilles peuvent être *pétiolées* ou *sessiles*. Les *pétiolées* sont *simples* ou *composées* ; leur Figure, variant de mille manières, est déterminée par les Nervures ; elles forment des

Réseaux plus ou moins compliqués. C'est aussi des Nervures que dépendent les Découpures des Feuilles, et elles varient prodigieusement.

155. Voilà donc des Signes nombreux ou des Caractères qui peuvent servir à distinguer ces Plantes les unes des autres ; et ils paroissent tellement importans, qu'on pourroit croire qu'ils partageroient cette partie du Règne végétal en Groupes bien distincts ; mais c'est en vain qu'on y travaille depuis que l'on observe les Plantes.

Ainsi l'on a été forcé d'abandonner l'antique division des Arbres et des Herbes : c'est en vain qu'on a voulu l'appuyer sur l'absence ou la présence des Bourgeons.

Les Feuilles *alternes* ou *opposées* ne se maintiennent sans mélange que dans un petit nombre de groupes.

Cependant, d'autres considérations moins importantes en apparence sont plus constantes. Ainsi les Feuilles verticillées distinguent les Rubiacées d'Europe, tandis que c'est leur réunion par les Stipules qui caractérise celles des pays chauds. L'aspérité des Poils sur des Feuilles *alternes* caractérise les Boraginées ; le Groupement de ces poils en Étoile peut servir d'indice pour quelques autres Familles, comme les Crucifères ; mais c'est d'une manière très-vague. Il en est de même de la forme des Feuilles de ces dernières, surtout de leur manière d'être *pinnatifides.* Celle des Lactucées est encore plus prononcée ; mais des exceptions trop nombreuses empêchent de fonder des divisions sur ces Caractères.

MONOCOTYLÉDONES.

Les MONOCOTYLÉDONES, au contraire, où les Figures sont moins variées, présentent plus de fixité. Les Feuilles y sont toutes *alternes et pétiolées* par une Gaîne ; mais cette Gaîne sert à distinguer les Graminées, parce qu'elle est fendue, tandis qu'elle est entière dans les autres. Ces Plantes se distinguent encore par le Bourgeon *stationnaire* extérieur qu'elles possèdent exclusivement.

Dans les autres, ce Bourgeon est souterrain : c'est ce qui distingue le plus grand nombre des Liliacées. Ou bien, restant solitaire lorsqu'il est *aérien*, il se développe successivement en formant un Stipe dans les Palmiers.

La lame des Feuilles est parcourue par des Nervures simples et parallèles. De là elles sont toutes en lame d'épée dans les Graminées, les Souchets, les Liliacées, les Orchidées, c'est-à-dire, sans aucune découpure ni dentelure.

Mais, dans d'autres, la Nervure principale fournit des secondaires ; de là il résulte des Lames simples, mais rétrécies à leur base dans les Amomées ; sagittées, dans les
Aroïdes.

Enfin elles sont susceptibles de se déchirer dans le Bananier, ou de se partager en Folioles distinctes dans les
Palmiers.

Des Tissus *vasculaire et cellulaire*.

156. Ces deux séries ont donc pour caractère commun de
présenter une Expansion *foliacée verte*, aréolée par des Filamens ou Nervures plus ou moins régulières, mais qui sont
toujours continues.

On a tiré de là une nouvelle manière de distinguer cette
division de celle qui nous reste à examiner.

Les Nervures sont regardées comme la terminaison des
Vaisseaux : c'est donc ce qu'on a nommé le Tissu *vasculaire*.

Tandis que la partie intermédiaire verte est la terminaison
du Tissu *cellulaire*.

L'on nous a certifié ensuite que les deux ne pouvoient se
trouver réunis que dans la première division, les Phanérogames ou *cotylédonées*.

De là on les a nommées Plantes *vasculaires*, et toutes les
autres Plantes *cellulaires*.

Cependant, les deux Tissus étant aussi distincts dans
les Fougères que dans telle Plante que ce soit des premières, on n'a point hésité pour les réunir avec elles.

Mais comme on n'a pas été plus heureux que précédemment pour leur découvrir des Etamines, il a fallu renoncer
à la distinction de la Phanérogamie et de la Cryptogamie.

Mais on a cru pouvoir conserver celle des *cotylédonées*
et des *acotylédonées*. Ainsi l'on accorde aux Fougères une
Germination analogue, tandis qu'on la refuse aux Mousses,
et par conséquent à toutes les autres Plantes qui les suivent.

En parcourant rapidement les Groupes qu'elles forment,
nous allons voir jusqu'à quel point ces assertions sont fon-
dées.

Plantes *cotylédonées*.

157. D'abord il faut remarquer que dans toutes les
Plantes que nous reconnoissons pour Phanérogames, les
Graines peuvent être facilement distinguées des autres à

à l'œil nu , quoiqu'elles soient quelquefois très-ténues dans les deux séries.

On sait qu'elles varient prodigieusement en volume dans les Dicotylédones. Ainsi le Marron d'Inde a souvent un pouce de diamètre , tandis que la graine du Tilleul n'a que deux lignes : enfin , dans le *Sagina procumbens*, elle n'a qu'un douzième de ligne; cependant, malgré sa ténuité on peut pénétrer l'intérieur et y reconnoître l'Embryon ; mais il se manifeste encore mieux par la Germination , et à partir de là on peut suivre facilement son développement.

158. Dans les Monocotylédones , quoique moins nombreuses , il y a encore plus de différence en volume. Ainsi le Cocos des Seychelles, qui avec son enveloppe pèse soixante livres , dépasseroit de beaucoup en poids la collection de toutes les autres Graines. Dans les Palmiers même elle décroît rapidement , si bien que dans un *Euterpe* elle ne dépasse pas celle d'un grain de Blé. Celui-ci est dépassé par le Maïs ; mais toutes les autres Graines de Graminées sont beaucoup plus petites. Les Liliacées se maintiennent assez dans un terme mitoyen, qui ne dépasse guère une ligne de dimension, en atteignant à peine le poids d'un grain de Blé. Elles sont bien plus petites dans les Orchidées, car on leur trouve à peine un tiers de ligne en longueur, et elles sont si menues, qu'elles ont l'air de balayures ; ce n'est qu'à l'aide d'un verre grossissant qu'on peut reconnoître leur nature. Par son moyen on découvre donc que ce qu'on aperçoit n'est qu'un étui flasque qui renferme une très-petite Graine ; mais dans la Vanille, où elles sont lenticulaires, elles ont près de deux douzièmes de ligne de diamètre.

Cette ténuité avoit long-temps fait présumer qu'elles étoient infécondes , vu que leur Germination ne pouvoit être observée. Je l'ai cependant aperçue, à l'île de Bourbon, sur une espèce Epidendre, et M. Smith en Angleterre, sur une Orchidée d'Europe. Il résulte de là qu'elles se rapprochent des autres Monocotylédones , en ce que la première Feuille enveloppe les autres.

PLANTES *Acotylédonées.*

Revenons maintenant aux FOUGÈRES. Quelque variées qu'elles soient dans leurs dimensions, depuis la Fougère-arbre jusqu'aux Trichomanes, la Fructification se maintient au même degré de ténuité. Ainsi un exemple pris presqu'au hasard donne une idée assez complète des autres.

L'*Asplenium ruta muraria*, ou Sauve-vie, est une des plus communes : on peut apercevoir à l'œil nu, sous ses Feuilles, des groupes de corpuscules luisans ; en les isolant, on croit reconnoître une espèce de Graine d'environ un douzième de ligne de diamètre ; ainsi on peut la comparer, pour le volume, à la graine de *Sagina* ou d'Orchidée ; mais quelquefois, au moment où on l'examine, on la voit s'ouvrir avec élasticité, et une poussière se répand tout autour ; en isolant une de ses molécules, et par le moyen d'un verre grossissant, on reconnoît un corps globuleux, le diamètre de six équivant à-peu-près à un douzième de ligne. Ainsi ils sont le sixième des graines Phanérogames citées. Les portant au cube, on trouvera qu'il en faut deux cent seize pour égaler une Graine de *Sagina* ou d'Orchidée.

Il étoit donc encore plus difficile d'observer sa Germination : cependant on y est plus tôt parvenu que pour celle des Orchidées ; et avec un peu de soin on obtient maintenant presque toutes les espèces. Par ce moyen on découvre que la Graine elle-même, en s'étendant, prend la forme d'une Feuille plane, pellucide, échancrée et partagée par une Nervure : c'est de cette Nervure que du côté de l'échancrure sortent successivement les autres Feuilles, qui par degré acquièrent les formes et le volume de celles des Plantes *adultes*, tandis que du côté opposé elle se prolonge en Racines.

C'est donc un mode particulier qui ne peut être comparé à celui d'aucune Phanérogame, soit Monocotylédone, soit Dicotylédone.

CRYPTOGAMIE.

159. Ainsi, comme malgré les assertions de quelques Auteurs on n'a pu démontrer que cette Graine fût le produit de la copulation d'une Etamine et d'un Pistil, nous rangerons donc encore les Fougères dans la CRYPTOGAMIE.

160. Comme nous l'avons dit, les Feuilles de ces Plantes présentent des exemples de toutes les modifications dont elles sont susceptibles, soit comme entières ou découpées, soit comme *simples* ou *composées* ; leurs Nervures sont aussi plus ou moins compliquées ; leurs Tiges, pareillement, sont souterraines ou aériennes, rampantes ou droites, rameuses ou simples ; malgré cela elles ont un aspect si particulier, que l'œil le moins exercé les reconnoît à la moindre vue :

c'est sur-tout par la manière dont les Feuilles sont roulées en crosse dans leur jeunesse.

161. C'est par ce seul caractère qu'on a pu rattacher aux Fougères le petit groupe distingué maintenant par le nom de Rhizosperme, parce que la Fructification des trois principales Plantes qui le composent étant placée à l'aisselle des Feuilles, sort directement de la Souche, qu'on a confondue avec la Racine : elle rampe dans les trois ; mais au fond de l'Eau, dans la première : la Marsille et ses Pétioles s'allongeant en raison de la profondeur du liquide, permettent aux quatre Folioles qui composent sa Feuille de venir s'établir à sa surface, tandis que c'est à cette surface même que la Souche de la seconde, la Salvinie, s'étend ; et comme ses feuilles sessiles s'y trouvent rangées distiquement, elle présente l'aspect d'une Feuille ailée.

Enfin c'est en plein air, sur le sol même, mais humide, que la Pillulaire étale ses Gazons ; et comme ils sont composés de Feuilles *effilées*, on pourroit les prendre pour ceux d'une Graminée, si des corpuscules qu'on aperçoit à leurs bases ne les distinguoient fortement ; leur forme arrondie et leur volume, qui est celui d'un grain de Poivre, les a fait comparer à des Pillules : de là son nom. En les ouvrant on les trouve remplies de deux sortes de parties : on a regardé les unes comme des Etamines, les autres comme des Pistils. Il en est à-peu-près de même des deux autres.

On a encore rapproché de ces Plantes l'Isoète : elle est composée de Feuilles graminiformes, rassemblées en un Conrsion très-dense et plongé entièrement dans l'eau ; sa Fructification est de même cachée à la base des Feuilles : mais c'est dans leur substance même qu'elle est logée.

Viennent enfin les Prêles, *Equisetum.* C'est encore plutôt pour leur accorder une place qu'on les a rapprochées de ce groupe, que par l'intime conviction de leur analogie : elles sont composées d'une Souche souterraine qui produit des Turions. Ce sont de simples Scions dans les unes, dont les Mérithalles sont cannelés, et qui portent pour Feuilles des Gaînes complètes denticulées dans leur pourtour. Dans d'autres, de ces Gaînes il sort de nouveaux Scions *verticillés*, absolument semblables aux premiers ; enfin, ceux-ci en portent d'autres dans un petit nombre d'espèces ; c'est le plus grand degré de complication où elles puissent parvenir : c'est donc une Ramille de troisième ordre. Elle s'arrête aussi à un

maximum d'élévation, quoiqu'on remarque à toutes les ex‑
trémités des Scions l'annonce d'un développement *indéfini*,
à moins qu'il n'y paroisse la Fructification : elle consiste
dans un Cône écailleux qui, à l'époque de la maturité, ré‑
pand une poussière abondante : on croit y reconnoître l'Eta‑
mine et le Pistil réunis ; mais leur forme les écarte beaucoup
de celle d'autres Plantes qui ont beaucoup de rapport dans
leur extérieur, et qui sont bien décidément *Phanérogames* ;
ce sont l'*Ephedra* et le *Casuarina* ou Filao, que l'on réunit
aux Conifères. On a aussi trouvé des rapports entre les
Prêles et les Charaignes, plantes aquatiques.

162. Un groupe plus serré se présente, c'est celui des
Lycopodes. Les Plantes qui les composent se distinguent
fortement des Fougères par leurs caractères extérieurs, car
toutes ces Plantes ont des Tiges aériennes, traînantes la plu‑
part, et se propageant à de grandes distances en s'attachant
par des Radicules ; elles sont garnies de Feuilles très-rappro‑
chées, en sorte que les Mérithalles sont très - courts. Ces
feuilles sont très-simples, sessiles et aiguës ; quelquefois elles
présentent le tranchant de la Lame aux Mérithalles, comme
dans les Iris ; elles sont *distiques* ou *éparses* ; souvent on
distingue très-bien une Nervure principale, mais d'autres
fois on n'en voit à l'extérieur aucune trace.

Ces Plantes ont été long temps confondues avec les Mousses,
mais elles en diffèrent par leur Fructification, comme on le
verra par la suite.

163. Les Mousses sont en général plus petites ; les unes
ont des Tiges rameuses, couchées pour l'ordinaire ; mais sur
d'autres elle est simple et droite, garnie de Feuilles très-
rapprochées, ce qui leur donne l'aspect d'Aloës en miniature.
La Nervure est souvent très-marquée sur ces Feuilles. Des
Boîtes en forme d'Urnes antiques, souvent portées par de
longs pédoncules, renferment une poussière qui a été re‑
gardée par les uns comme des Etamines, par d'autres comme
les Graines ; et la Germination qu'on en a obtenue confirme
cette dernière opinion.

164. Les Hépatiques viennent se confondre avec elles
pour la forme extérieure, car plusieurs Jungermanes ont des
Feuilles distiques très-distinctes; mais elles se réunissent dans
quelques espèces, en sorte qu'elles ne forment plus qu'une
seule Lame.

Ce qui conduit aux Marchantes, qui ne sont composées

que d'une seule Feuille appliquée sur la surface du sol par
des filamens radicaux nombreux ; sa surface est aréolée par
des lignes très-fines qui en forment des hexagones , et au
centre de chaque Aréole il se trouve un Pore remarquable.
Cette disposition a fait juger que cette Feuille n'étoit composée que d'une seule couche de Cellules *parenchymateuses*
ou d'Utricules ; mais tout nous porte à croire que le Réseau
qu'on aperçoit est le Tissu *vasculaire* ou les Nervures ,
d'autant mieux que dans le Pédoncule de ces Plantes , qui
n'est autre chose que la prolongation de la Feuille , il se
trouve deux Nervures très-bien caractérisées. Or , comme la
distinction qu'on a voulu établir pour distinguer les Plantes
vasculaires des *cellulaires* reposoit sur cet exemple , elle s'é-
vanouit entièrement.

Il faut remarquer que les Marchantes , jetées loin des
Fougères , paroissent cependant avoir plus de rapport avec
elles qu'avec les Mousses ; on s'en persuadera en les comparant avec les espèces pellucides, comme les Trichomanes,
et sur-tout avec la Feuille primordiale du plus grand nombre
des Fougères.

165. Nous venons de parcourir une seconde division du
Règne *végétal*. Elle a de commun avec la première , ou les
phanérogames , d'être composée d'une charpente continue ou
de Nervure, supportant et déterminant du Parenchyme *vert*.
Comme elles aussi, elles portent des Graines capables de les
reproduire ; mais on n'y trouve rien qui ressemble à l'Etamine des Phanérogames : on a pris pour telles des parties
très-différentes ; il est certain que si elles existent, elles diffèrent beaucoup du type général. Ainsi , le nom de Cryrto-
game , ou Mariage caché , leur convient, jusqu'à ce qu'on
démontre l'identité de leurs Anthères.

Mais je le restreins à ces seules Plantes que je viens d'indiquer et dont la Végétation est absolument semblable à celle
des *Phanérogames* ; car, comme elles , elles sont composées
d'une Feuille, d'un Mérithalle plus ou moins développé et d'une
Racine ; comme elles aussi , elles ont la faculté de se prolonger
indéfiniment. Ainsi elles ont un Bourgeon manifeste ou
quelque chose d'analogue.

Le *vert* paroît être l'attribut le plus constant de ces deux
Séries de Phanérogames et de Cryptogames , car nous
n'avons en à citer qu'un petit nombre d'exceptions. C'est le
signe caractéristique de la Végétation en activité ; mais on a

vu que cette couleur ne se manifestoit que dans les parties
extérieures exposées à l'action de l'Air et de la Lumière.
Nous allons la voir disparoître dans une troisième partie du
Règne végétal qu'il nous reste à examiner : c'est l'Agamie.

AGAMIE.

166. Cependant nous rencontrons une suite de Plantes
remarquables par l'intensité de leur Verdure, qui paroissent
néanmoins être du nombre des plus simples qui puissent
exister.

Ce sont les CONFERVES et les ULVES. Les premières ne consistent que dans des Filamens simples, rameux, et même
réticulés : ils sont souvent de la plus grande uniformité d'un
bout à l'autre ; mais d'autres fois ils sont rétrécis de distance
en distance, et comme articulés ; enfin la diaphanéité de
quelques-unes laisse apercevoir qu'elles sont creuses intérieu-
rement et partagées par des cloisons. Ils conduisent par degrés
jusqu'à cette couche verte qui recouvre les eaux dormantes en
été, qu'on a nommée *Byssus, Flos-Aquæ*, et à cette Matière
verte qui paroît se reproduire spontanément toutes les fois que
l'eau reste exposée aux influences de l'air. L'on a cru voir
dans cette substance une sorte d'essai par lequel la Nature
tendoit à former de nouvelles Plantes, et on a suivi long-temps
son développement ; mais fatigué de la voir persévérer dans
la simplicité de sa forme, on l'a enchaînée dans l'Enuméra-
tion scientifique ; d'abord on en a fait le *Lepra infusionum*, et
c'est maintenant le *Vaucheria infusionum*, et ce dernier nom
rappelle celui qui a fait les plus grands efforts pour percer le
nuage dans lequel ces Etres restent encore enveloppés.

167. Les ULVES, au contraire, présentent de larges expansions, mais à contours indéterminés : aucune Nervure
apparente ne semble les maintenir. Leur Figure vague et ir-
régulière semble donc abandonnée au hasard.

Ces deux sortes de Productions habitant les Eaux *douces*
ne présentent que la couleur *verte* : quelques espèces la conservent dans les Eaux *salées* ; mais elle s'altère dans d'autres ; leur forme devient plus compliquée, c'est-à-dire que
leurs contours semblent arrêtés : tels sont les VARECS ou *Fucus*.

Attachés au fond de la Mer par des Racines ou plutôt des
Crampons, leurs Expansions flottent au gré des courans ; mais
cette Expansion se réduit à une ficelle de la plus grande

simplicité, d'une ligne de diamètre au plus , sur plusieurs brasses de long, dans le Varec *Fil.* Ce fil s'applatit et devient une Courroie, mais qui se bifurquant plusieurs fois sans qu'il y ait aucune phase dans son développement, présente un type naturel du tableau synoptique que forme l'Arbre encyclopédique ; c'est le *Fucus loreus.*

168. D'autres espèces plus délicates représentent des Miniatures d'Arbres, mais dépouillés de feuilles, et toujours disposés dans un seul plan , comme des Espaliers.

L'Expansion s'amincissant de plus en plus , supportée par une Tige cylindrique, produit une Feuille beaucoup plus longue que large , que l'on a comparée à un Baudrier.

Cette Feuille devient *palmée*, mais c'est par une sorte de déchirure qu'elle acquiert ses digitations.

169. Mais d'autres, ayant des dentelures sur leurs bords , sembleroient par là attester qu'elles sont nées telles, comme le Varec *denticulé* ou *serratus.* Cependant l'on voit successivement les feuilles du Varec *pyrifère* se déchirer de la partie plane qui le termine , et elles sont denticulées très-régulièrement. Cette espèce singulière prouve pareillement que ces Plantes ont la faculté de se prolonger indéfiniment; car, comme l'a dit un de nos poètes, attachées à une grande profondeur au sein de la Mer, elles atteignent sa surface, en égalant quelquefois l'élévation de trois Pins mis bout à bout. Sa Tige est une ficelle, comme le Varec fil, qui se trouve garnie de Feuilles d'un seul côté; elle se soutient à-peu-près droite, parce que la base de la Feuille est renflée en une Vésicule pleine d'air de la forme d'une Poire : de là lui vient son nom.

170. Ces Vésicules se retrouvent sur d'autres espèces : elle est énorme dans le Varec Trombe, qui surnage souvent en grande abondance près du cap de Bonne-Espérance, car c'est sa Tige même qui la forme, et elle est plus grosse que le corps d'un homme, et contient plus d'une barrique d'air. Elles ne paroissent pas avoir d'autre destination que de les maintenir droite , et ne semblent avoir rien de commun avec la Fructification, quoiqu'on l'ait cru long-temps. Celle-ci est remarquable sur plusieurs espèces par des renflemens également *vésiculaires*, mais remplis d'une substance mucilagineuse, dans lesquels on aperçoit des Graines disséminées; mais dans beaucoup d'autres elles sont difficiles à découvrir. La Couleur de ces Plantes est d'un fauve obscur, mais qui

passe par des nuances au *rouge* le plus vif : rarement le *vert* s'y montre, quelquefois il se trouve mêlé avec le rouge.

Comme nous l'avons dit, le Varec pyrifère se prolonge tellement, qu'il réalise ce que l'imagination pouvoit espérer du développement indéfini des Plantes.

Quelques autres ont aussi une croissance indéfinie ; mais dans un plus grand nombre elle paroît arrêtée d'une manière fixe, en sorte que ces Végétaux présentent toutes les dimensions, depuis la Plante la plus *délicate* jusqu'à la plus *gigantesque* ; de même leur forme est très-variée.

Ce qu'elles ont de commun, c'est donc d'habiter les Eaux *salées*. Le plus grand nombre peuvent supporter l'alternative de Sécheresse et d'Immersion auquel les exposent le Flux et le Reflux; mais quelques unes s'y refusent et les autres ne tarderoient pas à périr, si elles restoient plus long-temps exposées à l'influence de l'air.

171. Elles diffèrent principalement par là, des LICHENS, qui, à un très-petit nombre d'exceptions près, demandent le grand air pour se développer; mais il faut qu'il soit chargé d'une certaine dose d'Humidité, autrement la Plante se dessèche, devient friable, et paroît avoir perdu toute Vitalité ; mais l'humidité revient-elle, elle reprend sa flexibilité, ses Couleurs se ravivent, et enfin elle paroît en pleine Végétation.

Le plus grand nombre, comme les Varecs, paroît composé d'une Expansion *foliacée*. Appliquée ordinairement contre le Tronc des Arbres et des Rochers, plus rarement sur la Terre, elle part d'un centre et s'étend en rayonnant; comme la Marchante, elle se fixe de distance en distance par des filamens radicaux, et, de ce côté, elles paroissent avoir beaucoup de rapport avec cette Plante ; mais leur contexture semble homogène, et elle est plus souvent de couleur grise ou fauve que verte, et presque toujours la surface supérieure est d'une teinte plus intense que l'inférieure, même quelquefois elle est très-différente : ainsi quand elle est *verte* en dessus, elle est *blanche* en dessous.

L'Expansion est découpée en Lobes arrondis et foliacés, comme dans la Pulmonaire, mais elles s'allongent et semblent être des Ramifications qui forment des Rosettes très-denses dans le Lichen cilié, et, comme ce nom l'indique, elles sont garnies de poils roides sur les bords ; d'autres fois elles sont pluchées ; la surface, plus ou moins plane, est cepen-

dant aréolée dans la Pulmonaire, et frisée sur les bords dans
d'autres.

Il faut remarquer que cette Expansion obéit à un mouvement centrifuge qui a également lieu horizontalement quand
la Plante est couchée sur la Terre, ou verticalement quand
elle est contre un Tronc ou un Rocher : c'est en cela qu'elle
diffère de la Marchante et de toutes les autres Plantes décidément vertes, dont tous les prolongemens aériens tendent
à monter.

Souvent on découvre sur leur superficie une poussière dis-
séminée, qu'on a regardée comme leur Graine ; mais on a
cru, avec plus de fondement, qu'elle se trouvoit sur des
excroissances particulières qui sortent de la superficie
même. Ce sont des Bassins plus ou moins planes, sessiles
ou pédiculés, que l'on a comparés à des Boucliers : de là on
les a nommés Scutelles. Dans quelques espèces terrestres
elles prennent la forme d'une coupe ou d'un verre à boire : de
là on les a nommées *scyphifères.* Comme les Expansions d'où
sortent ces Scutelles sont quelquefois peu apparentes, on les a
prises pour la Plante entière. Quelquefois elles sont embrochés
les unes dans les autres et forment plusieurs étages; d'autres fois
elles sortent des bords même des inférieurs, en sorte qu'elles
sont ce qu'on nomme *prolifères*; mais plus rarement, au lieu
de s'épanouir en coupe, elles se prolongent en Tige rameuse. Il
en résulte un Buisson dont les Ramifications sont creuses ;
elles le sont pareillement dans le Lichen des Rennes, qui
forme un Arbuste encore mieux caractérisé, et qui, comme
les Varecs dont nous avons parlé, se trouve Rameux sans
avoir passé par l'état de Scion ou de Rameau. Cependant
on aperçoit à sa base quelques expansions foliacées en forme
d'Ecailles ; ses ramifications sont souvent terminées par des
Tubercules renflés.

172. D'autres espèces rameuses *terrestres* ont les Tiges
pleines, ce qui leur a valu le nom de *Stereocaulon.* Elles sont
droites, tandis que les Usnées, qui viennent sur les Arbres,
laissent pendre leurs longs filamens, sur lesquels on trouve
souvent des Scutelles. Ce sont ces espèces qui acquièrent avec
l'âge le plus d'accroissement, et prouvent qu'elles peuvent
avoir un Développement *indéfini.* Ainsi, dans ces Plantes,
toute la substance s'élève sur un support; dans d'autres, au
contraire, elle se tapit contre la surface, d'où elle sort, et
finit par y adhérer, en sorte qu'elle ne forme plus qu'une

croûte uniforme, sur laquelle se trouvent éparses quelques
Scutelles. La consistance de ces Plantes est moins sujette à
varier ; elle est friable, comme nous avons dit, quand elle
est sèche, mais elle est molle et coriace quand elle est *humectée ;*
elle est comme *gélatineuse* dans quelques espèces qu'on a
nommées *Collema* ; par ces qualités extérieures elles tendent
à se réunir avec d'autres productions végétales qu'on leur
avoit réunies : les unes forment les HYPOXYLES, groupe mal
circonscrit qui va se fondre dans les Champignons. Ainsi les
unes forment des croûtes farineuses, sur lesquelles se dessi-
nent des lignes noires qu'on compare à des lettres hébraïques :
ce sont les Opégraphes : d'autres sont réduites à une simple
Scutelle ; ce sont les Pezizes; ou bien ce sont des Tiges simples,
renflées au sommet en forme de Massue dans les Clavaires.
D'autres fois c'est une seule expansion attachée par un point
central, épaisse et charnue dans l'Oreille de Judas, ou papy-
racée comme dans les Téléphores. Ainsi donc ces Productions variant de forme et de consistance, elles se lient à ce singulier Nostoch qui se confond d'un côté avec les Colléma, si
bien qu'on croit maintenant que c'en est une espèce, mais
privée de Scutelle, et de l'autre avec les Ulves. Néanmoins il a
beaucoup de rapport aussi avec les vrais Champignons. Nous
voilà donc enfin parvenus aux confins du Règne végétal.

173. Il n'est personne qui ne connoisse les CHAMPIGNONS
dont on fait usage dans les Cuisines. Une sorte de Tige ou
Stipe porte un Chapeau blanc ou Parasol garni de Lames couleur de rose. Chaque pas qu'on fait à la campagne, vers la
fin de l'été, en fait découvrir des espèces qui n'en diffèrent
que par la Couleur ou la Grandeur. Il s'en trouve d'autres
que l'on mange aussi avec plaisir, comme les Mousserons ;
mais des exemples nombreux donnent une juste appréhen-
sion pour les autres. Une autre Plante, également employée
dans les provinces du Midi, a la même forme extérieure ;
mais sa couleur est d'un jaune orangé, et elle sort d'une toile
légère : c'est l'Oronge. Une autre est encore recherchée sur
les meilleures tables; mais au lieu de Lame, sa surface inférieure n'est garnie que de Tubes contigus : c'est le Cepe.
Enfin, au printemps, on en voit paroître une autre de couleur enfumée, dont le Chapeau se réunit en bas avec le Stipe;
sa surface est partagée par des Aréoles réticulées : c'est la
Morille.

En automne, on aperçoit sur la terre des tubercules ovoïdes

et blancs ; mais parvenus a un certain degré de maturité , dès l'instant qu'on les touche ils s'ouvrent et laissent échapper un nuage de poussière : c'est la Vesse de loup. Voilà à-peu-près les espèces de Champignon les plus généralement connus , et sur lesquels on fonde l'idée qu'on se fait de ces substances. On se les figure entre autres comme étant extrêmement *fugaces.* Effectivement ils croissent si rapidement , qu'ils semblent sortir subitement du sein de la terre. Ainsi on doit regarder leur forme comme arrêtée , car on ne voit pas d'où pourroit sortir leur augmentation. Cependant , quand on voit qu'à la même place où l'on en a cueilli la veille on en voit reparoître le lendemain , on peut déjà soupçonner qu'ils ont une origine commune souterraine ; de plus , on aperçoit sur les Arbres une production ayant ordinairement la forme d'un demi-cercle appliqué contre le Tronc , et qui se trouve garnie en dessous par des Tubes , comme le Cepe : c'est un Agaric : on s'aperçoit facilement qu'il dure assez long-temps ; de plus , on voit qu'il est formé extérieurement de couches qui s'appliquent par périodes déterminées à la circonférence. Ainsi, on découvre donc qu'ils peut végéter assez long-temps , même indéfiniment.

174. De plus, si on fouille avec précaution les espèces terrestres comme le *commun* , on découvre qu'ils prennent naissance d'un réseau composé de filamens *blancs,* sur lesquels on aperçoit des Tubercules de différente grosseur. On les reconnoît facilement pour de jeunes Champignons qui devoient paroître successivement. Ainsi ce Réseau est une véritable Souche *souterraine.* C'est ce que Necker a nommé le Car-cythe. En sorte que, suivant quelques auteurs, le Chapeau n'est autre chose qu'un support de la Fructification analogue aux Scutelles des Lichens.

175. Ce Carcythe est donc une sorte de Souche souterraine qui paroît se prolonger indéfiniment. On la retrouve plus ou moins bien caractérisée dans un grand nombre d'espèces ; mais on la voit pour l'ordinaire se perdre dans une partie de Végétal ou même d'Animal en Putréfaction. Quelquefois elle part de l'extérieur, qu'elle revêt en forme de croûte molle. En la suivant dans toutes ses différentes modifications , on a été conduit à lui reconnoître beaucoup d'Analogie avec les Moisissures qui couvrent toutes les substances qui subissent la Putréfaction, et les observations des moindres Verres grossissans la confirment ; car , par leur moyen , on découvre

qu'elles sont formées de filamens minces, renflés au sommet en tête sphérique, qui se réduit en poussière comme les Vesses de loup ou *Lycoperdon*.

D'un autre côté, ces productions semblent se lier avec les Lichens *crustacés* et les Byssus; et ces derniers ne paroissent différer des Conferves que parce qu'ils végètent en plein air.

176. Par cette réunion, le nombre des Champignons, déjà fort considérable quand on n'y rapportoit que les espèces remarquables par leur volume et précédemment mentionnées, s'est fort accru; mais ce n'est rien en comparaison de l'addition qu'ils ont reçue, quand on leur a rapporté des Excroissances particulières qui se manifestent sur toutes les parties des Plantes, soit dans toute la force de la Végétation soit dans sa décadence.

Tantôt ce sont des Boursoufflures qui ont quelques rapports aux pores corticaux, tant par leur forme que par leur Position, comme les *Æcidium*, les *Uredo*, etc. A certaines époques elles s'ouvrent, soit en se déchirant irrégulièrement dans le plus grand nombre, soit en se partageant en une étoile assez régulière, et laissent échapper, dans ces deux cas, une poussière abondante. Elle est *blanche* dans l'*Uredo* des Crucifères, *jaune* dans celui du Saule et du Tussilage, dans quelques *Æcidium*, comme ceux du Tithymales; enfin *noire* dans l'*Uredo* des blés. Les précédentes n'ont été remarquées que successivement, et la plupart très récemment. Il n'en est pas de même de la dernière : depuis long-temps on l'a signalée comme un des grands fléaux de l'Agriculture; mais on la regardoit comme une maladie particulière des Céréales et autres Graminées, d'où il résultoit qu'une partie de leur substance se réduisoit en poussière noire : c'est de là que lui venoient les noms de Carie et de Charbon, qu'on lui avoit donnés. On a pareillement rapporté aux Champignons l'exubérance des grains de Seigle, d'où résulte ce qu'on nomme l'Ergot.

D'autres fois les excroissances étant extérieures, semblent se rapporter à la Pulvérescence ou à la Pubescence : tels sont les *Erysiphés*, qui ont l'aspect d'une poussière blanche ou d'autre couleur, répandue sur un grand nombre de Plantes; enfin l'*Erineum*, qui, comme celui de la Vigne, ne paroît être qu'une surabondance de Poils.

Ce ne sont pas seulement les parties aériennes qui sont affectées par ces productions : on en retrouve aussi sur les

Racines ; la plus remarquable est le Sclerote, qu'on nomme vulgairement Mort du Safran , parce que, s'attachant sur le bulbe de cette Plante, il le fait périr, et se communiquant rapidement aux autres , il détruit, si l'on ne s'oppose de bonne heure à ses ravages, toute une Safranière.

177. On l'avoit réuni aux TRUFFES , mais il en diffère essentiellement par cette propriété fatale qu'il a de se propager rapidement , en émettant des sortes de Racines , ou plutôt des Courans, qui vont la propager latéralement , tandis que la Truffe forme une masse isolée croissant en tous sens , sans qu'on puisse y découvrir des parties plus disposées que les autres à se prolonger.

Cependant on peut s'assurer par la comparaison, soit successive , soit instantanée, de plusieurs individus , qu'elle s'accroît sensiblement ; mais elle arrive , dans l'espace d'une saison, à un maximum , et elle ne dépasse que très-rarement le poids de sept à huit onces : ainsi elle paroît donc terminée dans l'espace.

Sa substance intérieure est solide et veinée , mais elle ne se résout point en poussière comme celle des Vesse-loups, avec lesquelles Linné l'avoit réunie. On a cru cependant y découvrir des Graines disséminées ; mais c'est en vain qu'on a fait jusqu'à présent des tentatives pour les reproduire par leur moyen.

178. Il faut l'avouer, jusqu'à présent, de cette multitude de Plantes réunies sous le nom de Champignon, une seule semble se multiplier à volonté par le moyen des Graines ; mais quoiqu'on recommande d'arroser les couches avec ses épluchures et l'eau qui a servi à la nettoyer, on sait, depuis Tournefort, qu'elles réussissent très - bien quoiqu'on n'y ajoute pas un atôme d'ancienne substance de ce Champignon.

Cependant , s'il ne se trouve plus qu'un petit nombre de Botanistes qui veulent encore leur accorder des Etamines et des Pistils, presque tous les autres regardent toutes les espèces comme ayant de véritables Graines, il en est peu qui restent dans le doute. Mais quelques-uns encore les leur refusent totalement, les regardant comme le simple résultat de la décomposition des autres Végétaux. C'est sur cette opinion que se fondoit Necker, pour en faire un quatrième Règne de la Nature , sous le nom de MESIMAL.

Nous mettrons plus à même de prononcer sur ce sujet , en comparant leur intérieur avec celui des autres Plantes,

dans la Séance suivante, ainsi que leur Fructification dans
la Spermatologie. Mais à travers l'obscurité qu'elles présentent, nous en voyons assez pour les distinguer des Cryptogames *foliacés* et *verdoyans*, et justifier la réunion que nous
en faisons avec les Lichens et les Varecs, sous le nom d'A-
game.

CONCLUSION.

179. « Jusqu'à présent nous regardons les trois mots de
Phanérogamie, Chryptogamie, et Agamie, que nous venons
d'employer, comme primitifs et servant seulement à distinguer trois grandes Classes de Végétaux, dont la différence
peut être plus aisément *sentie* que *définie*. Si on les compare
ensemble on trouvera que les coupes qu'elles forment sont
fort inégales, quant à l'importance et au nombre des espèces
que renferme chacune d'elles ; mais aussi que de moyens
de division n'offre pas la Phanérogamie ! »

C'est ainsi que je me suis exprimé dans l'article BOTANI-
QUE, tom. V du *Dictionnaire des Sciences naturelles*, publié
en 1805, où j'ai fait la première application de ces trois ex-
pressions, dans le sens précis que je leur donne. Quant à la
plus grande facilité de diviser la Phanérogamie que j'annonce ici, elle est fondée sur l'observation de la Fleur et des
Cotyledons : je n'ai parlé de la première qu'en passant, et
ce n'est encore que par anticipation qu'il a été question des
seconds.

Pour prendre une idée du nombre proportionnel de ces
trois Classes, il faut partir du dernier dénombrement qu'on
a tenté sur les Plantes connues : on en comptait 44,000,
sur lesquels 38,000 sont *phanérogames*, dont 32,000 *dicotylédones*, et 6,000 *monocotylédones*, 3,000 *cryptogames*, 3,000
agames. Comme ces nombres ne sont encore qu'approximatifs,
pour les rendre plus commodes à comparer, nous supposerons le nombre total de 45,000, dont 33,000 dicotylédones,
ensorte que sur 15 plantes il y auroit 11 dicotylédones, 2
monocotylédones, 1 cryptogame et 1 agame. Mais outre
l'incertitude de ces nombres proportionnels, en eux-mêmes
ils sont sujets à varier suivant la Température et l'Exposition,
et nous verrons, par le dépouillement des Flores ou l'Enumé-
ration des Plantes, par lieux déterminés, que la proportion

des Agames et des Cryptogames augmente à mesure qu'on s'éloigne de l'Equateur ; c'est ce qui forme la base de la Géographie des Plantes, qui servira de conclusion à la onzième Séance.

180. A présent , faisons attention que par les données que nous avons acquises en ne considérant que l'extérieur des Plantes sans faire attention à leur Fleur, nous n'avons aucun moyen certain de séparer les Phanérogames des Cryptogames. Ainsi, nous trouverons que quatorze Plantes sur les quinze que donne la réduction proposée , sont évidemment composées de ces quatre parties , la Racine , le Mérithalle , la Feuille et le Bourgeon. Or, nous avons vu comment la forme de chaque Plante dépendoit du plus ou moins de développement que recevoit chacune de ces parties ; mais qu'une cause si obscure présidoit à leurs modifications, qu'elle sembloit être accidentelle , quoique son effet fût toujours constant. Quant à la dernière portion du règne végétal , ou l'Agamie, quoiqu'elle ne soit que le quinzième du total , elle paroît plus variée dans ses Formes extérieures ; mais elles sont si bizarres qu'on ne peut démêler le rapport qu'elles ont avec leur développement.

Il suit de là que nous ne pouvons pas trouver dans l'extérieur seul, toujours la Fleur exceptée , des caractères assez constans pour diviser les Plantes *verdoyantes* en groupes bien déterminés ; ainsi, nous ne pouvons distinguer le Cèdre de l'Hyssope, ou le Chêne de la Pimprenelle , qu'en les comparant seuls à seuls: nous ne sommes donc pas plus avancés pour eux que nous le serions pour saisir la différence qui existe entre deux Feuilles isolées, si, comme nous l'avons dit (Introduction , pag. 13), elles sont toutes dissemblables ; si cela pouvoit nous être utile ou agréable, il nous serait aussi facile de signaler 42,000 feuilles prises sur le même Arbre, de manière à reconnoître celles qui se représenteroient à notre examen, que la totalité des Plantes *verdoyantes.*

181. C'est en cela que consiste une des principales différences qui existent entre les Plantes et les Animaux, puisque ce n'est qu'avec beaucoup de difficultés et de tâtonnemens qu'on trouve des coupes parmi les premières , tandis qu'elles se sont présentées d'elles-mêmes dans les seconds : car, il ne faut pas s'y méprendre , si la classification scientifique des Animaux a été plus tardive que celle des Végétaux, c'est qu'elle étoit moins nécessaire , attendu qu'il

n'étoit personne, même des dernières classes de la société,
qui fût tenté de confondre un Lion avec un Aigle; leur cou-
verture seule suffisoit pour les distinguer, c'est-à-dire, ce
qu'ils ont de plus extérieur, comme le Poil, les Plumes, etc. :
ainsi il avoit des idées assez nettes des Quadrupèdes, des
Oiseaux, des Poissons, des Reptiles, des Insectes, et même
de la plupart des Vers; s'il se trompoit sur quelques espèces singulières, en rapportant, par exemple, la Chauve-
souris aux Oiseaux et la Baleine aux Poissons, c'est qu'il
étoit entraîné par de légères apparences; mais dès qu'il s'est
trouvé des observateurs plus attentifs, toutes ces Anomalies
ont disparu : comme nous l'avons dit, pag. 2, l'Homme se
prenant pour *Point de départ*, est descendu successivement à
l'examen des autres Animaux. Il a reconnu d'abord que
presque tous avoient, comme lui, des parties *extérieures* avec
lesquelles ils entroient en communication avec tout ce qui
les environnoit; il leur a donné le nom d'Organes : que les
uns, comme l'OEil et l'Oreille, etc., recevoient passivement les
impressions; ce sont les cinq Sens : que les autres servoient à
exécuter les déterminations qui en étoient le résultat; ainsi,
par les Organes du Mouvement, comme Pied, Aile ou Na-
geoire, ils pouvoient s'approcher ou s'éloigner suivant que
les objets qu'ils découvroient leur paroissoient *utiles* ou *nui-
sibles*; enfin, par une Bouche ils faisoient pénétrer dans
leur intérieur les substances qui pouvoient leur servir d'Aliment. Ainsi, c'est par une suite d'Actes dépendans de
sa Volonté, que l'Animal met ces Alimens à même de lui
être utile; mais une fois parvenus dans son intérieur, d'autres Parties s'en emparent et leur donnent la préparation
nécessaire, sans que sa volonté y participe en rien : on a encore donné le nom d'Organes à ces parties; mais nous
n'avons pas encore besoin de nous en occuper, il nous suf-
fira seulement de considérer ici combien la combinaison de
ces seuls Organes extérieurs peut aider à déterminer les
coupes dans le Règne animal; de plus elle indique la place
qu'elles doivent occuper les unes par rapport aux autres.

181. On est donc privé de ces avantages dans l'autre Règne,
puisqu'aucune des parties dont nous avons vu qu'il étoit
composé, ne peut être comparée à ces Organes des Animaux,
et rien encore ne peut déterminer l'ordre dans lequel on doit
le présenter. La durée des Individus, regardée si long-temps
comme un motif de préférence, est maintenant abandonnée;

puisque , comme nous l'avons exposé , il n'est pas une des Plantes *verdoyantes* qui n'ait réellement en elle la faculté de se prolonger à l'infini , et qu'ainsi il seroit difficile de déterminer celle en qui elle se maintient le plus long-temps. Cette prodigieuse faculté distingue encore éminemment les Plantes de tous les Animaux, du moins ceux qui sont bien connus , puisqu'ils naissent terminés dans l'Espace, et que leur carrière est de même bornée dans le Temps. Ainsi , comme l'on sait , le Chêne de nos Forêts voit s'écouler de nombreuses générations depuis sa première apparition ; mais il éprouve aussi la décadence : ce n'est , à la vérité , qu'après quelques Siècles qu'on le voit se couronner et succomber en détail sous l'effort du Temps. Mais peut-être que cette Véronique qui rampe à ses pieds , a vu plusieurs Glands se succéder à la même place, pour y remplir leur carrière *séculaire*, depuis qu'elle y prolonge ses Tiges; et peut-être qu'avant peu on pourra constater que ce ne sont pas les plus énormes Végétaux qui sont parvenus réellement à la plus grande Longevité, attendu que telle Mousse surpassera de ce côté le monstrueux Baobad du Sénégal; c'est pour elle qu'un éternel Printemps semble régner jusques sous les Glaces du Pôle en lui conservant une jeunesse inaltérable, depuis le moment qu'elle y a été placée, à cette époque solennelle désignée par ces Paroles de la Genèse : *germinet terra.*

ON SOUSCRIT A PARIS,

A la Pépinière du Roi, { Faubourg du Roule, n° 20, chez le Concierge ; Rue de Courcelle, n° 8, chez le premier Jardinier.

Et chez { Arthus BERTRAND, Libraire, rue Haute-Feuille, n° 23 ; LENORMANT, Imprimeur-Libraire, rue de Seine, n° 8.

TABLE

DES PRINCIPAUX ARTICLES.

www.ingramcontent.com/pod-product-compliance
Lightning Source LLC
LaVergne TN
LVHW021450170726
843501LV00005B/1578